5.1.2 练习：制作简单的卡通人　　　　第 59 页

5.3.2 练习：制作啤酒瓶　　　　第 68 页

5.4.2 练习：制作婴儿奶瓶　　　　第 69 页

5.5.2 练习：制作蛋卷冰激凌　　　　第 71 页

6.3.2 练习：利用样条布尔制作文字　　　　第 78 页

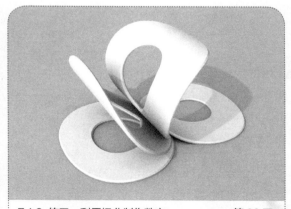

7.1.2 练习：利用扭曲制作数字　　　　第 88 页

7.1.4 练习：利用样条约束制作英文装饰　　　　第 91 页

8.4 练习：房子建模　　　　第 116 页

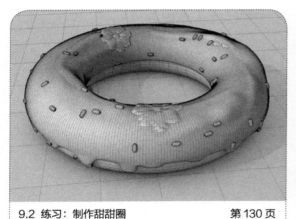

9.2 练习：制作甜甜圈　　　　第 130 页

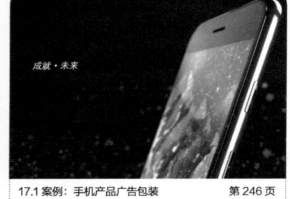

17.1 案例：手机产品广告包装　　　　第 246 页

19.1 综合案例：游戏机建模渲染　　　　第 270 页

综合视频案例：卡通小象　　　　随书资源

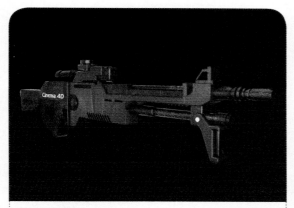

综合视频案例：机枪　　　　　　　随书资源

综合视频案例：蛋糕塔　　　　　　随书资源

综合视频案例：普通卡通形象　　　随书资源

综合视频案例：创意卡通形象　　　随书资源

综合视频案例：房子建模　　　　　随书资源

综合视频案例：卡通小车建模　　　随书资源

OC 渲染案例 1 　　　　　　　　随书资源

OC 渲染案例 2 　　　　　　　　随书资源

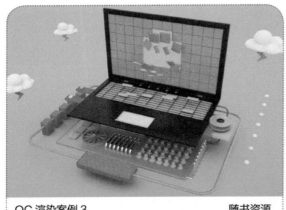

OC 渲染案例 3 　　　　　　　　随书资源

综合视频案例：R 字体制作 　　　随书资源

综合视频案例：机械字体 　　　　随书资源

综合视频案例：蛋糕 　　　　　　随书资源

Cinema 4D ^{R18}

Cinema 4D R18

基础与实战教程（全彩版）

宋鑫 编著

人民邮电出版社

北 京

图书在版编目（ＣＩＰ）数据

Cinema 4D R18基础与实战教程：全彩版 / 宋鑫编
著. -- 北京：人民邮电出版社，2019.11（2020.9重印）
ISBN 978-7-115-51739-5

Ⅰ．①C… Ⅱ．①宋… Ⅲ．①三维动画软件－教材
Ⅳ．①TP391.414

中国版本图书馆CIP数据核字(2019)第189962号

内 容 提 要

　　本书共 19 章，全面讲解了 Cinema 4D R18 的使用方法并配以对应的案例操作，介绍了在工作中常用
的建模、材质、灯光、渲染、粒子、毛发、布料、动画、运动图形、效果器和 Xpresso 等方面的知识，同
时介绍了与 After Effects 软件结合使用、UV 贴图拆分案例和 OC 外置渲染器的知识。全书知识全面，覆
盖性强，案例举一反三。

　　本书适合大专院校设计等相关专业的学生、电商设计从业人员和三维设计爱好者阅读和参考。

　　◆ 编　著　宋　鑫
　　　　责任编辑　刘晓飞
　　　　责任印制　马振武

　　◆ 人民邮电出版社出版发行　　北京市丰台区成寿寺路 11 号
　　　　邮编　100164　　电子邮件　315@ptpress.com.cn
　　　　网址　http://www.ptpress.com.cn
　　　　固安县铭成印刷有限公司印刷

　　◆ 开本：787×1092　1/16
　　　　印张：18
　　　　字数：429 千字　　　　　　　　2019 年 11 月第 1 版
　　　　印数：3 601－4 200 册　　　　 2020 年 9 月河北第 3 次印刷

定价：85.00 元
读者服务热线：**(010)81055410**　印装质量热线：**(010)81055316**
反盗版热线：**(010)81055315**
广告经营许可证：京东市监广登字20170147号

电商设计行业的深度发展，成功带动了一些软件的使用热潮，Cinema 4D无疑是其中最亮眼的软件。Cinema 4D不仅给设计师带来了新鲜感，而且还有很强的表现力，以及很高的效率，更重要的是初学者很容易上手。

随着Cinema 4D被越来越多的人认可，互联网上与其相关的课程也越来越多。以笔者自己为例，我在2017年下半年正式加入虎课网成为一名讲师，主讲Cinema 4D软件的应用，短短一年半时间，课程的学习次数达到了300万次以上，从中足以看出该软件的火爆程度。

当人民邮电出版社的编辑向我约稿时，个人是比较矛盾的，因为当时我已经成家并且有固定的工作，写书码字绝对是个大工程，会占用大量的时间，我很担心自己能否完成这个工作。但最终还是决定尝试一下，毕竟这是人生中的第一本书，再加上当时在虎课网积累了一定的人气，学员的反馈也不错，这给了我很大的信心。所以，为了让更多的人学习这个软件，这本书就这样诞生了。

对于Cinema 4D的教学，我认为简单而实用的知识才是大家最需要的，因此无论在网络课程的制作上，还是在这本书的写作上，我都坚持讲解简单而实用的内容。本书针对的是初、中级读者，简单的东西重复叠加运用，也可以创造出不一样的效果。

最后，感谢读者朋友选择了本书，愿你从中有所收获。

CONTENTS 目录

第 1 章
进入 Cinema 4D 的世界

Cinema 4D 由德国 MAXON Computer 公司研发于 1989 年，以极高的运算速度和强大的渲染功能为特色，是时下最流行的三维软件之一。本章将带领读者初步了解这个强大的软件。

· 为什么要选择 Cinema 4D
· Cinema 4D 的应用范围
· Cinema 4D R18 版本的优势

1.1 为什么要选择 Cinema 4D

市面上常见的三维软件非常多,诸如 Rhino、Maya、3ds Max 和 Cinema 4D 等,功能比较全面的软件有 Maya、3ds Max 和 Cinema 4D。Maya 的受众群体最小,因为上手难度大,并且要想学好 Maya,必须学会 mel 语言,它可以直接控制 Maya 的特征、进程和工作流程。建议在学好其他三维软件的基础上学习 Maya,这样会更方便。

3ds Max 虽然有很大的受众群体,但是为什么在近几年 Cinema 4D 能迅速流行起来且势头迅猛?以下从多个角度来对比 3ds Max 和 Cinema 4D。

一、操作界面。对于新手来说,Cinema 4D 的操作界面更为简洁,因为它是基于层的原理(平面软件如 Photoshop、Illustrator 和 CorelDRAW 等都是基于层的原理)所以如果读者对平面软件有一定的了解,那么学习 Cinema 4D 会非常轻松。而 3ds Max 不是基于层的原理,相对而言,理解上会困难一些。

二、渲染方面。刚学习软件的时候,一般是使用默认渲染器来渲染作品,如果用默认渲染器就能很快渲染出好的作品,读者学习软件的信心就会增加。Cinema 4D 就是这样的软件,只要调节好默认渲染器(标准和物理渲染器)的材质,就可以快速呈现效果。3ds Max 的默认渲染器需要花大量的时间来调节,可能还达不到想要的效果。当然,3ds Max 配合 VRay 渲染器可以渲染出很好的作品,而与 Cinema 4D 配合的外置渲染器则更多,例如 OC、阿诺德和 Redshift 等,选择范围非常大。

三、运动图形。Cinema 4D 的运动图形配合效果器,是软件的特色,也是其他三维软件无法比拟的。可能在 Cinema 4D 中很简单的一个动效,放到 3ds Max 中要花很长的时间才能完成。

四、与其他软件无缝衔接。在视频方面,Cinema 4D 与 After Effects 的配合使用相当频繁,经常用于电视栏目包装和产品包装。在平面方面,它也能和 Illustrator 配合做出很好的效果,经常用于制作电商广告或者平面广告。

1.2 Cinema 4D 的应用范围

首先,针对平面设计,Cinema 4D 涉及的领域有如下几项。

电商设计是时下流行的设计行业类型,而 Cinema 4D 逐渐成为电商设计中重要的软件。有了 Cinema 4D 的配合,电商设计更加出彩,如图 1-1 和图 1-2 所示。

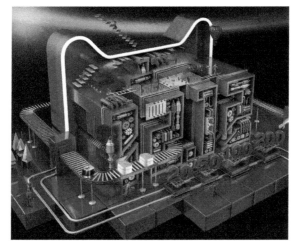

图 1-1

图 1-2

设计师经常要做一些创意类的场景或者效果图,需要用到实景合成,如图 1-3 和图 1-4 所示。

图 1-3

图 1-4

海报或者 DM 单的设计，主要应用于立体字的设计，可使海报更加震撼、吸引眼球，如图 1-5 和图 1-6 所示。

图 1-5

图 1-6

家装方面，虽然现在的主流软件还是 3ds Max，但是用 Cinema 4D 制作家装效果图也开始渐渐兴起，如图 1-7 所示。

图 1-7

用 Cinema 4D 进行产品渲染和静帧产品渲染也非常流行，如图 1-8 所示。

图 1-8

其次，针对视频设计，Cinema 4D 涉及的领域有如下几项。

Cinema 4D 逐渐成为电视栏目包装方面的主流软件，如图 1-9 所示。

图 1-9

在产品包装方面，运用最多的还是制作手机广告，或者一些比较高端的电子产品模型，如图 1-10 所示。

13

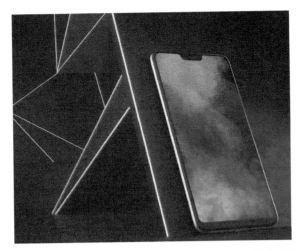

图1-10

电影制作方面,《阿凡达》中就曾使用 Cinema 4D 参与制作,如图 1-11 所示。

图1-11

本书将重点以 Cinema 4D R18 版本进行讲解,原因有三:一是 Cinema 4D R17~R19 三个版本中,R18 版本是更新变化最大的一个版本,它增加的泰森破碎功能会在工作中经常用到,而且功能非常强大,这是 R17 没有的,而 R19 只是对这个功能进行了优化;二是 R18 增加了预置库,虽然下载安装的内存比较大,但是有很多的预置模型可供选择,在工作中非常方便;三是 R18 几乎囊括了工作常用的功能,而且 R18 版本是 2016~2018 年各版本中最火的,也是这个版本使 Cinema 4D 成为热门软件。

第 2 章
Cinema 4D 界面

从本章开始正式系统地学习 Cinema 4D。本章将对 Cinema 4D 的基本界面和常用操作做详细讲解。对于零基础读者来说，本章是非常重要的章节，所以要认真掌握并多加练习。

· 认识 Cinema 4D 的操作界面
· 父子级的概念及使用
· 选择菜单的介绍

2.1 认识 Cinema 4D 的操作界面

Cinema 4D 的操作界面和其他三维软件一样，由菜单栏、常用工具栏、编辑菜单栏、视图场景窗口、动画编辑面板、材质面板、坐标面板、对象面板（层面板）、属性面板和提示说明 10 个板块组成，如图 2-1 所示。

图 2-1

Cinema 4D 的界面更加简单易懂，特别是对平面软件有一定了解的读者，能更快掌握界面，因为它的对象面板是层面板，和平面软件中的图层一样。例如，新建一个立方体，右侧对象面板中就会自动生成一个立方体，再新建球体，右侧也会自动生成球体，添加生成器和变形器也是如此，都会自动生成，因此可以对层面板中的属性进行调整，如图 2-2 所示。

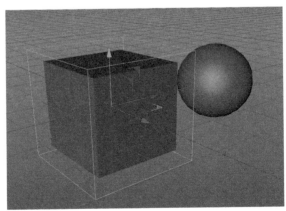

图 2-2

2.1.1 菜单栏

菜单栏的作用是对所有功能的整合，即界面中的所有功能在菜单栏中都可以找到。例如，菜

单栏中的"创建"选项，可以创建对象、样条和生成器等，在常用工具组中有立方体、样条和生成器的选项，如图 2-3 所示。

图 2-3

2.1.2 常用工具栏

菜单栏下方是最常用的一组工具，其中重要的工具有选择工具、移动（E）、缩放（T）、旋转（R）（旋转时按住 Shift 键可以等角度旋转）、全局 / 对象坐标切换、渲染工具组、参数化模型组、样条工具组、生成器、造型器、变形器、摄像机和灯光等，如图 2-4 所示。

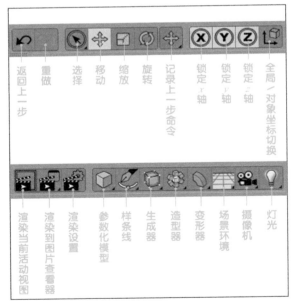

图 2-4

全局 / 对象坐标切换要重点说明。例如，新建立方体，旋转一个角度，如果想让立方体平行于工作平面运动，用默认对象坐标系统移动坐标轴是不能实现效果的，所以需要将坐标系统切换

为全局，它的作用是使对象基于整个场景的坐标，平行于工作平面进行运动，如图 2-5 所示。

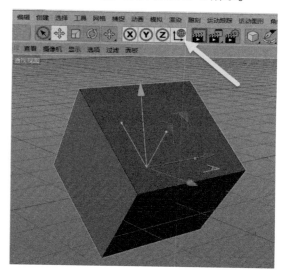

图 2-5

2.1.3　编辑菜单栏

编辑菜单栏中的大部分工具都是针对可编辑对象的。可编辑对象的含义是可以对对象的点线面调整（立方体和圆柱等），都属于参数化模型，只能通过改变数值来改变大小。如果想改变形状、选择点线面来进行操作，就必须要转换成可编辑对象，所以这时就需要配合编辑菜单栏。编辑菜单栏的选项命令有转为可编辑对象（C）、选择模型 / 对象 / 动画、纹理、工作平面、点模式、边模式、多边形模式、启动轴心、微调、视窗独显、启用捕捉、锁定工作平面和平直工

图 2-6

作平面，如图 2-6 所示。

纹理、点模式、边模式、多边形模式、启动轴心、微调和启用捕捉只有在转换为可编辑对象以后才能使用。

2.1.4　视图场景窗口

实时操作模型、渲染窗口和视图窗口，需要牢记以下几个重要的知识点。

▶ 切换四视图（滚动鼠标的滑轮）。四视图是默认视图，如果想切换成双视图或三视图，可以选择视图场景窗口的面板选项进行切换，如图 2-7 所示。

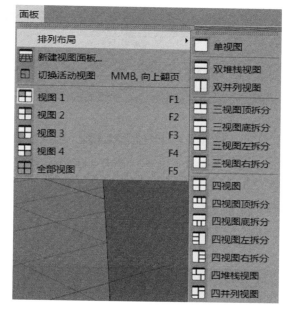

图 2-7

▶ 新建模型后，都会默认有 3 个轴向，红色代表 x 轴，绿色代表 y 轴，蓝色代表 z 轴，如图 2-8 所示。

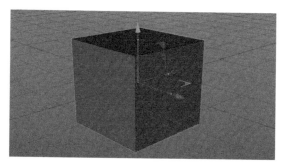

图 2-8

17

▶ 如果想要平移、旋转和缩放视图，有两种方法可以实现。一种是视图右上角有 4 个图标，分别代表视图的平移、旋转、缩放和切换视图，如图 2-9 所示；还有一种方法是使用快捷键，这也是最常用的方法，需要读者牢记。

平移视图：按 Alt 键 + 鼠标滑轮滚动。

缩放视图：按 Alt 键 + 鼠标右键拖曳。

旋转视图：按 Alt 键 + 鼠标左键拖曳。

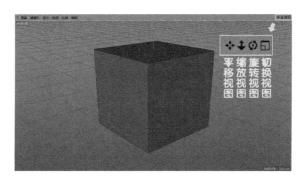

图 2-9

▶ 几何体的显示模式要弄清。

光影着色：N~A 显示材质和灯光光影，不显示投影。

光影着色（线条）：N~B 显示材质、灯光光影和结构线条，不显示投影。可以明显看到几何体分段。

以上两个是重点，需要牢记。其他类型只做了解。

快速着色：N~C 显示默认灯光，不显示灯光光影。

快速着色（线条）：N~D 显示默认灯光和布线，不显示灯光光影。

常量着色：N~E 显示单色色块。

常量着色（线条）：显示单色色块和线条。

隐藏线条：N~F 显示灰色和线条。

线条：N~G 只显示线条。

线框：N~H 显示对象布线。

等参线：N~I 只显示对象的主要布线线框。

方形：N~K 将所有对象显示为方形。

骨架：N~L 只显示骨架，没有骨架的对象则不显示。

视图的其他选项在工作中一般保持默认，此处不详细讲解。

2.1.5 动画编辑面板

观察和设置关键帧并调试动画。选项中比较重要的有时间轴与滑块、帧数设定、时间线区域设定、向前播放、转到起点、转到终点、转到上一帧、转到下一帧、记录关键帧和点级别动画等。这些选项都需要读者熟练运用，如图 2-10 所示。

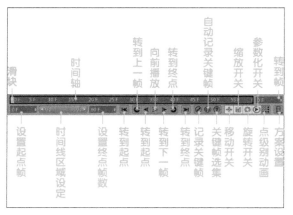

图 2-10

2.1.6 材质面板

材质面板用于调节和添加材质。

新建材质球的方法：双击材质面板的空白处，也可以按快捷键 Ctrl+N 添加材质球。材质菜单栏的创建中可以添加预置材质。

编辑材质球的方法：用鼠标右键单击材质球，在弹出的菜单中选择"编辑"选项，弹出材质编辑面板，也可以双击材质球弹出材质编辑面板。具体的材质调节方法会在材质章节重点讲解。

物体添加材质的方法：第 1 种是将材质球直接拖曳至视窗中的模型；第 2 种是用鼠标右键单击材质球，在弹出的菜单中选择"应用"选项；第 3 种是将材质球拖曳至右侧的对象面板中；第

4 种是双击打开材质编辑面板,在指定的选项中,将想要添加材质的模型拖曳至指定选框中。

删除材质球:按 Delete 键。

单击对象图层面板中的材质球,在属性面板中可以调节材质球的纹理,如图 2-11 所示。

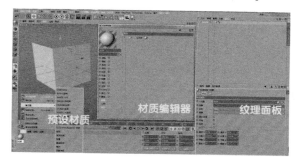

图 2-11

2.1.7 坐标面板

记录并调节物体的坐标。位置和尺寸各有 3 种坐标类型,位置包括对象(相对)、对象(绝对)和世界坐标,尺寸包括缩放比例、绝对尺寸和相对尺寸。在坐标面板中改变数值后,需要单击应用才可以变化,如图 2-12 所示。

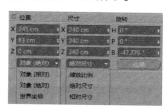

图 2-12

2.1.8 对象面板(层面板)

执行的命令都会在对象面板中显示。对象面板中的重要选项有图层、编辑器可见、渲染器可见、标签和对象,如图 2-13 所示。

图层:可以更方便地单独操作几何体。

编辑器可见和渲染器可见:按住 Alt 键并单击可以同时打开或者关闭两个点,要牢记。

标签:为物体添加标签可以做很多不同的效果,按 Delete 键可以删除。

对象:重要的命令有转为可编辑对象(和编辑菜单栏中的相同)、当前状态转对象(将受到修改器影响的物体当前的状态转换成单独的一个物体)、连接对象 + 删除(将两个或者多个对象合并成一个对象),以及群组对象(将多个对象组合,快捷键是 Alt+G)。

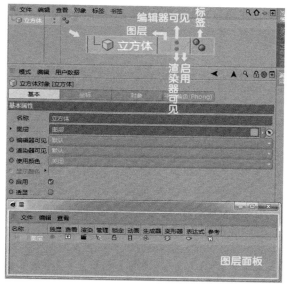

图 2-13

2.1.9 属性面板

可以在属性面板查看并修改对象属性。例如,新建立方体,查看属性面板,会出现基本、坐标、对象和平滑着色 4 个属性。

"基本"可以控制对象面板中的图层、编辑器可见、渲染器可见和启用 4 个选项,改变其中一个数值,对应的数值也会发生变化。

"平滑着色"则代表对象面板中的标签,删除对象面板中的标签,属性面板中的平滑着色选项也会消失,如图 2-14 所示。

图 2-14

"坐标"可以调整立方体在场景中的位置、缩放、旋转，即PSR值。

"对象"可以调整立方体的尺寸大小及圆角等特殊属性。这要提到一个重要属性——分段。分段必须配合视图窗口中的光影着色（线条）的模式才可以明显看到，其作用是为几何体增加更多的点线面，能更好地建模，实现更多的效果，后面章节会详细讲解。

2.2 父子级的概念及使用

对象面板中有一个非常重要的概念，即父子级，单独拿出来讲可见其重要性，搞清它们之间的关系才能更好地工作。

什么是父子级，举例说明。创建一个球体和一个立方体，此时，这两个几何体属于平级关系，不会相互产生关系。如果选中球体，拖曳至立方体的下方时出现向下的箭头，然后松开鼠标，即将球体放置于立方体的下方，这时球体和立方体就会形成父子级的关系，如图2-15所示。

图2-15

立方体在球体上方，是父级；而球体在立方体的下方，是子级。如果移动立方体，球体会跟随立方体一起移动，而移动球体，立方体不会移动。这就是父子级的概念。

在Cinema 4D中，绿色的图标（如生成器、造型器和运动图形等）都是作为父级来使用的，绿色图标之间也可以产生父子级关系。紫色的图标（如变形器和效果器等）都是作为子级来使用的；紫色图标只能是同级关系，不能产生父子级关系。这些概念需要牢记。

几何体对于紫色图标来说是作为父级使用的，而对于绿色图标来说是作为子级使用的。例如，新建立方体，分别添加克隆、细分曲面（绿色图标）、膨胀和锥化（紫色图标），如图2-16所示。

通过图2-16，可以明显看到，绿色图标之间是可以作为父子级使用的，而紫色图标必须是同级才可以产生效果的，立方体作为绿色的子级和紫色的父级。读者要认真掌握此关系，加深理解。

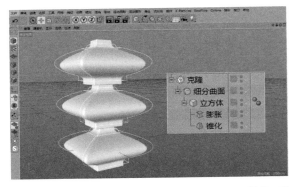

图2-16

下面讲解父子级的特殊情况。创建一个立方体，设置"分段X""分段Y""分段Z"都为10，然后创建克隆，将立方体作为子级放置于克隆的下方，接着创建螺旋变形器，如果直接将螺旋作为子级放置于立方体的下方，螺旋影响的是单独的立方体，如图2-17所示。

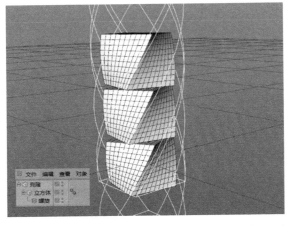

图2-17

如果想对克隆整体产生影响，显然用基本的父子级关系是实现不了的，因此要将克隆和螺旋组成一个组，这时螺旋是整个克隆的子级，螺旋就会对整个克隆对象产生影响，如图 2-18 所示。

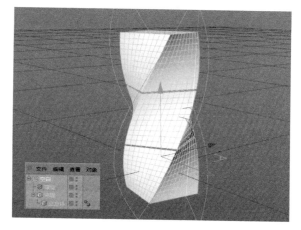

图 2-18

父子级的关系，要根据情况进行相应的调整，读者需要多加练习，认真掌握。

2.3 选择菜单的介绍

菜单栏下的命令非常重要，在工作中经常使用。在大多数情况下，选择工具都是在可编辑对象状态下使用的。下面介绍重要的选择工具，如图 2-19 所示。

图 2-19

选择过滤：取消不想选择的。例如，场景中的新建球体和灯光，在选择菜单下，将选择过滤中的灯光选项取消，这时场景中的灯光就不可被选择了。

实时选择：和画笔一样，使用鼠标滑轮可以调整圆的大小，以此选择可编辑对象的点线面。

框选：以选框的方式选择点线面，适合立方体类几何体。

套索选择：和草绘工具一样，可以自由选择，适合选择不相邻的点线面。

多边形选择：以多边形的方式来绘制选区。

循环选择：常用，需要牢记，快捷键是 U~L，作用是可以选择相邻的一圈边，如图 2-20 所示。

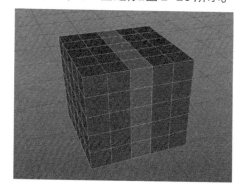

图 2-20

环状选择：和循环选择类似，切换为边模式后，可以选择不相邻的边，如图 2-21 所示。

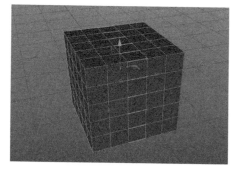

图 2-21

填充选择：配合"循环选择"使用，"循环选择"的作用是选择边界线，而"填充选择"则是选择边界线内的点线面。例如，循环选择一圈面，再切换成填充选择，按住 Shift 键并单击"填充选择"，上面的部分就会被选中，如图 2-22 所示。

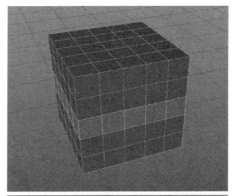

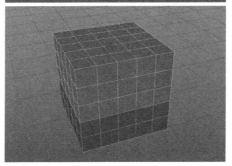

图 2-22

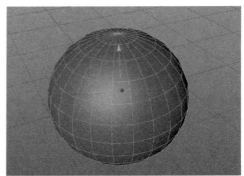

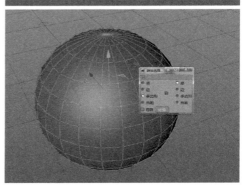

图 2-23

转换选择模式：快捷键为 U~X，工作中常用，特别是制作复杂的模型。例如，新建一个球体，转换为可编辑对象，切换为多边形模式，选择其中的一个面，选择"转换选择模式"，在弹出的菜单中选择"多边形到点"，单击"确定"按钮，选择的面会自动切换为接触的 4 个点，如图 2-23 所示。

设置选集：此选项在材质中作为重点使用对象，它的作用是给几何体中特定的部分添加特定的材质。

设置顶点权重：权重，简单地说，就是影响范围，设置顶点权重就是设置受影响的范围。

以上选择工具是选择中比较重要的，其他选择工具比较容易理解，读者可以自行操作，加深印象。

第 3 章
基础几何体

在 Cinema 4D 中，基本几何体是必不可少的元素，有着相当重要的作用，它可以让设计师更方便、更快速地利用简单几何体来制作复杂的模型，提高工作效率。

- 空白对象的使用方法
- 常用几何体介绍
- 练习：制作简易机器人

3.1 空白对象的 3 种使用方法

空白对象位于基础几何体工具栏的首位，把它放在首位也说明了其重要性，如图 3-1 所示。

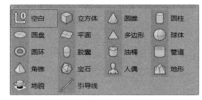

图 3-1

空白对象不能作为实体进行渲染，其常用的方法有 3 种。第 1 种，作为编组对象使用；第 2 种，作为摄像机焦点对象使用，从而作为目标对象进行移动及制作景深效果；第 3 种，作为表达式的载体来使用（此内容大致了解即可）。

选择"创建 > 对象 > 空白"选项，右侧图层面板中会出现对应选项，如图 3-2 所示。

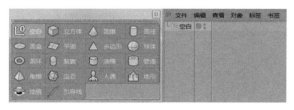

图 3-2

空白对象的第 1 个运用——编组。新建 3 个立方体（任何几何体都可以），如果想要移动它，只能单独移动，如果想进行整体移动，就要使用空白对象。在右侧图层面板选中 3 个立方体并按快捷键 Alt+G 进行组合，也可以全部选中后单击鼠标右键，在弹出的菜单中选择"群组对象"。然后单击"空白"对象就可以整体移动了，如图 3-3 所示。

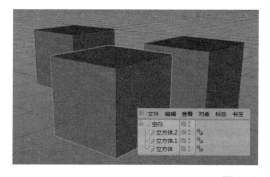

图 3-3

空白对象的第 2 个运用——目标对象。因为空白对象是不能被渲染的，所以在工作中可以将它作为目标对象来使用，具体的操作方法是新建一个空白对象和摄像机。选择"摄像机"，单击鼠标右键，在弹出的菜单中选择"新增标签 >CINEMA 4D 标签 > 目标"，此时右侧出现一个深蓝色的图标。单击"目标"标签，将"空白"对象拖曳至图层面板下方的属性面板"目标对象"命令中。在移动"空白"对象时，摄像机始终看向空白对象，如图 3-4 所示。

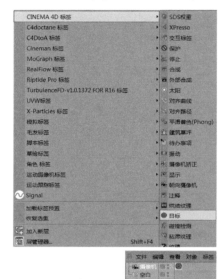

图 3-4

此外，空白对象还可以作为焦点对象。

❶ 新建 3 个立方体、1 个摄像机和 1 个空白对象，如图 3-5 所示。

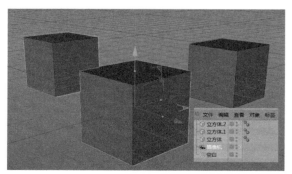

图 3-5

❷ 编辑渲染设置![icon]，将"渲染器"设置为"物理"，并单击"物理"，勾选"景深"选项，如图 3-6 所示。

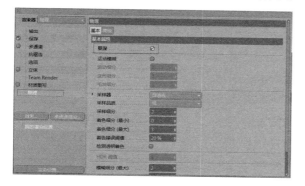

图 3-6

❸ 渲染设置完成后，进行摄像机的设置，单击属性面板中的"对象"，把空白对象拖曳到"焦点对象"中，如图 3-7 所示，然后选择"物理"，将"光圈"设置为 0.2，如图 3-8 所示。光圈越小，效果越明显。

图 3-7

图 3-8

❹ 设置完成以后就可以渲染了。渲染当前活动视图，效果如图 3-9 所示。

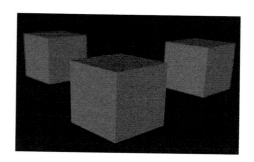

图 3-9

空白对象的第 3 个运用——表达式的载体（此知识点在本书中只作为了解知识）。

❶ 新建两个立方体并放到不同的位置，如图 3-10 所示。

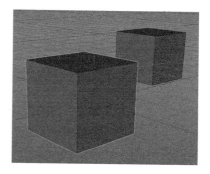

图 3-10

❷ 新建一个空白对象，单击鼠标右键，在弹出的命令面板中选择"新增标签 >CINEMA 4D 标签 >XPresso"选项，弹出 XPresso 编辑器，如图 3-11 所示。

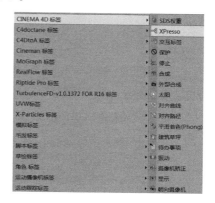

图 3-11

❸ 将右侧图层面板中的两个立方体拖入群组面板中，单击立方体 1 的粉红色部分，选择"坐标 > 位置 > 位置"，如图 3-12 所示。

④ 单击立方体的蓝色部分，选择"坐标 > 位置 > 位置"，如图 3-13 所示。

⑤ 单击立方体 1 的粉红色部分和立方体的蓝色部分，将其连接在一起，如图 3-14 所示。

图 3-12　　　　　　　　　图 3-13

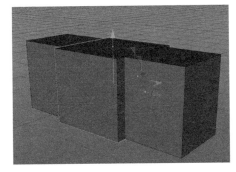

图 3-14

⑥ 可以看到渲染窗口的两个立方体重合到一起了，对立方体 1 进行移动时，立方体也跟着移动。为防止读者看不明白，此处设置立方体 1 的"尺寸.X"为 500cm、"尺寸.Y"为 200cm、"尺寸.Z"为 150cm。这表示立方体继承了立方体 1 的位置信息。本章中只做简单演示，目的是让读者加深对空白对象的认识，如图 3-15 所示。

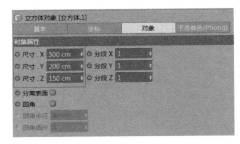

图 3-15

3.2 常用几何体的介绍

基础几何体分为立方体、圆锥、圆柱、圆盘、平面、多边形、球体、圆环、胶囊、油桶、管道、角锥、宝石、人偶、地形、地貌和引导线。其中，最常用的基础几何体有立方体、圆柱、平面、球体、圆环、管道和地形，如图 3-16 所示。

图 3-16

3.2.1 立方体的操作方法

① 选择"立方体"，按住鼠标左键不放，将鼠标移至种类框的最上方，出现白色区域，松开鼠标弹出种类框，把它拉大，在种类框空白区域单击鼠标右键，在弹出的菜单中选择"图标尺寸 > 大图标"，如图 3-17 所示。

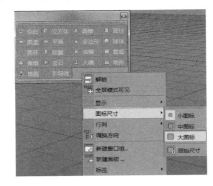

图 3-17

② 立方体是最重要的几何体。首先，创建立方体，透视图中就会出现一个立方体，可以看到立方体上有红色、蓝色和绿色 3 个坐标轴，红色代表 x 轴，绿色代表 y 轴，蓝色代表 z 轴，如图 3-18 所示。

③ 在 x、y、z 轴上，有 3 个小黄点，按住小黄点不放，左右拖曳鼠标就可以改变立方体的形状，如图 3-19 所示。

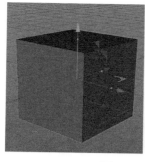 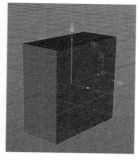

图 3-18　　　　　　　　　图 3-19

④ 单击右侧层面板中的立方体,下方的属性面板有基本、坐标、对象和平滑着色 4 个选项,如图 3-20 所示。基本、坐标和平滑着色是基本几何体共同拥有的,所以先介绍这些,再介绍对象属性。

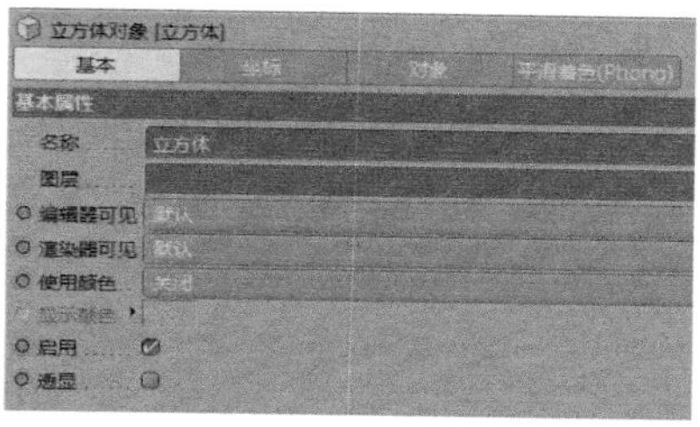

图 3-20

1. 基本

此命令在正常情况下都是保持默认不变的。"编辑器可见"和"渲染器可见"分别表示立方体在渲染窗口中是否可见,以及在渲染的时候是否可见;"使用颜色"代表立方体在编辑器中显示何种颜色;勾选"启用",代表基本属性打开;勾选"透显",表示编辑器中立方体显示为透明,如图 3-21 所示。

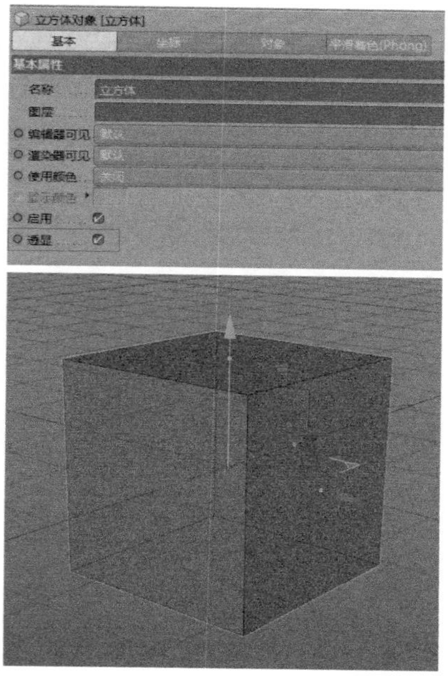

图 3-21

2. 坐标

P 代表位置,S 代表缩放,R 代表旋转,X、Y、Z 代表方向。例如,调节"P.X"的数值为 20cm,代表立方体在 x 轴方向移动了 20cm,如图 3-22 所示。

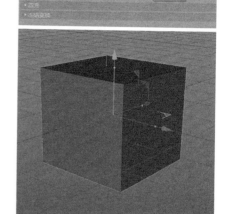

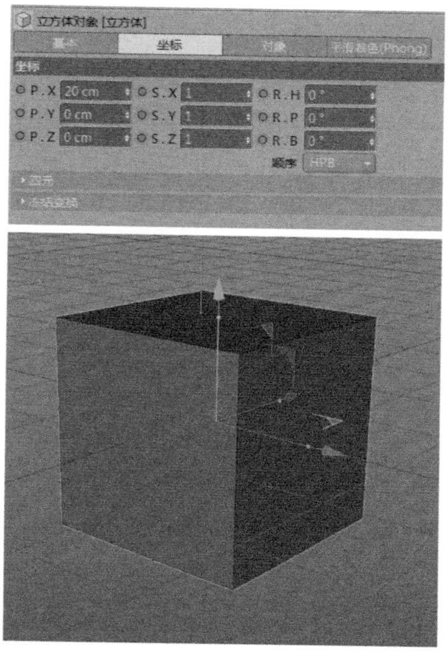

图 3-22

3. 平滑着色

平滑着色从字面意思上可以理解为将物体做平滑处理,在工作当中运用范围比较广的方面是制作一些低面体模型,如图 3-23 所示。

图 3-23

平滑着色针对的是比较圆滑的模型,对于立方体来说,显然是不适用的。还要说明一点,新建立方体以后,自动出现两个橘黄色的圆点,这两个圆点代表平滑标签,和平滑着色是一样的,如果把它去掉,属性面板中的平滑着色也会相应消失,如图 3-24 和图 3-25 所示。

图 3-24

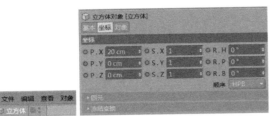

图 3-25

4. 对象

3 个共同属性介绍完以后，开始介绍对象属性，打开立方体的对象属性，有尺寸、分段、分离表面和圆角 4 个选项，如图 3-26 所示。

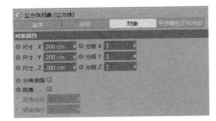

图 3-26

尺寸表示立方体的大小，X、Y、Z 分别代表立方体的长、宽、高，默认立方体的长、宽、高各为 200cm，调节"尺寸.X""尺寸.Y""尺寸.Z"的数值，可以改变立方体的大小，如图 3-27 所示。

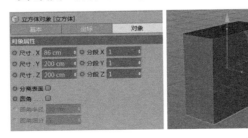

图 3-27

分段的前提条件是要打开显示为光影着色（线条）模式，如图 3-28 所示。分段表示立方体 X、Y、Z 面的段数。例如，将"分段 Y"的数值改为 5，表示在 y 轴向的表面上分成 5 段表面，如图 3-29 所示。

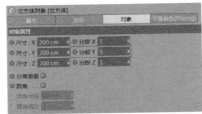

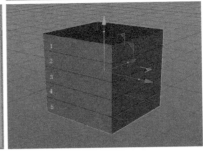

图 3-28　　　　　　　　　　　　　图 3-29

分离表面。新建两个立方体，其中一个立方体勾选"分离表面"，另一个不勾选。同时，把两个立方体转换成可编辑对象。勾选了"分离表面"的立方体的每个面都是单独分开的，而没有勾选的立方体还是一个整体，如图 3-30 和图 3-31 所示。

图 3-30

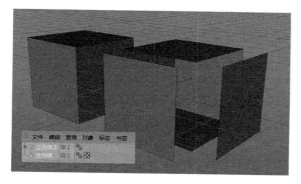

图 3-31

圆角。勾选"圆角",立方体的边缘会做平滑处理。"圆角半径"和"圆角细分"可以调节平滑的程度。将"圆角半径"设置为 20cm、"圆角细分"设置为 5,效果如图 3-32 所示。

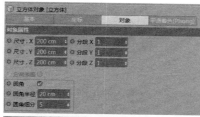

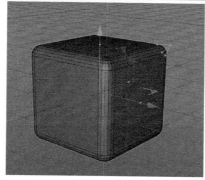

图 3-32

在工作中,设计师可以利用立方体制作各种形状的物体。例如,把立方体转换成可编辑对象,具体操作方法是选中立方体,单击编辑菜单中的"转为可编辑对象"选项,将立方体的"显示"模式改为"光影着色(线条)",如图 3-33 所示。

选择编辑菜单的"点"模式,选择"框选"工具,框选立方体的两个点,向 z 轴移动,然后框选另外两个点,向 y 轴方向移动,就可以做出不同的形状,如图 3-34 所示。也可以选择

多边形和线模式对它进行调整,此处就不做演示了,读者可以调整成自己喜欢的形状。

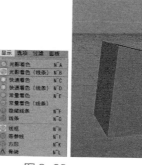
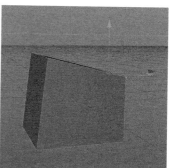

图 3-33　　　　　　　　　　图 3-34

3.2.2 圆锥

在场景中新建一个圆锥,单击层面板中的圆锥,可以看到属性面板中除了对象属性外,又增加了两个选项:一个是"封顶",一个是"切片",如图 3-35 所示。

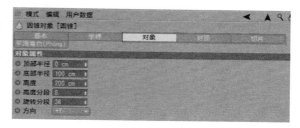

图 3-35

1. 顶部半径和底部半径

"顶部半径"代表圆锥顶部圆的半径,可以调节数值,增加或者减少半径大小。"底部半径"代表圆锥底部圆的半径,同样的道理,调节数值可以影响大小。

2. 高度和高度分段

"高度"代表顶部到底部的直线距离,调节可以影响圆锥的高度。"高度分段"代表从顶部到底部圆锥的分段面数,例如,将"高度分段"调节为 3,可以看到圆锥从上到下分成 3 段面,如图 3-36 所示。

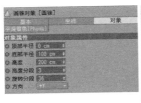
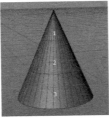

图 3-36

3. 旋转分段和方向

"旋转分段"代表圆锥从上到下连接的边数。例如,将"旋转分段"设置为 3,可以看到圆锥连接顶部和底部的边变成了 3 条,如图 3-37 所示。

"方向"代表顶部所指的方向。这个容易理解,可以改变方向来观察圆锥的方向变化。

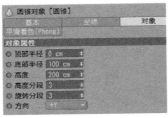
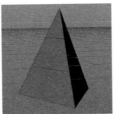

图 3-37

4. 封顶和封顶分段

"封顶"代表顶部和底部的面是封闭的。例如,关闭"封顶"选项,可以看到圆锥的底部是没有面的,因为顶部的半径是 0,所以看不到效果,如果把顶部的半径加到 20cm,也可以看到顶部是没有面的,这就是封顶的含义,如图 3-38 和图 3-39 所示。

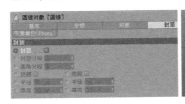
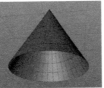

图 3-38

图 3-39

"封顶分段"通过调整两个数值显示其变化。先将"封顶分段"的数值调整为 1,如图 3-40 所示;然后将"封顶分段"调整为 5,可以看到明显的变化,如图 3-41 所示。简单地说,它代表顶面和底面的分段面数。

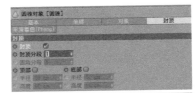
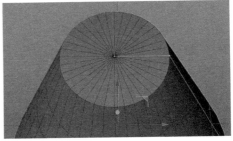

图 3-40

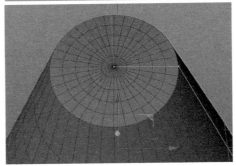

图 3-41

5. 顶部和底部

勾选"顶部"选项,就会同时激活"半径"和"高度"选项,"半径"代表顶部边的圆滑程度,"高度"代表顶部高度的最大圆滑程度,从字面理解可能有难度,可以通过调节数值观察形状变化。例如,将顶部"半径"调整为 20cm、"高度"调整为 100cm,如图 3-42 和图 3-43 所示。

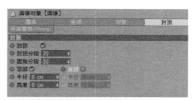
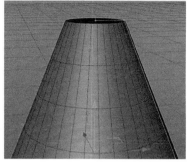

图 3-42

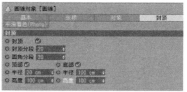

图 3-45

6. 切片

选择"切片",可以看到圆锥体只显示了一半的内容,仿佛用刀片将它切开似的,因此叫作切片,如图 3-46 所示。

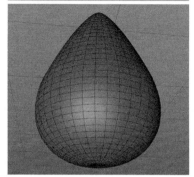

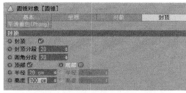
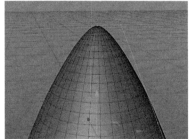

图 3-43

同理,与顶部一样,"半径"和"高度"代表底部的圆滑程度。勾选"底部"选项,设置"半径"和"高度"均为 100cm。可以看到一个水滴的形状,如图 3-44 和图 3-45 所示。

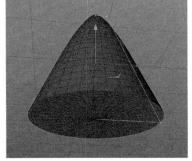

图 3-44

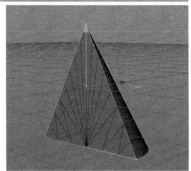

图 3-46

切片下的"起点"和"终点"分别代表顺时针和逆时针的切片角度。例如,将"起点"设置为 20°、"终点"设置为 270°,呈现圆锥不同的切片角度,变成另外一个形状,如图 3-47 所示。

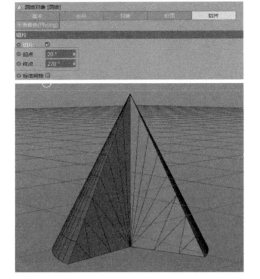

图 3-47

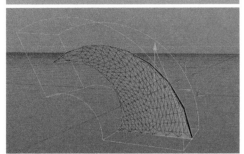

图 3-49

7. 标准网格

选择"标准网格"选项，可以将物体的布线排列整齐，数值越小，物体的布线越整齐。如果没有激活"标准网格"选项，将扭曲变形器放到圆锥的子级（扭曲会在以后的章节讲到），选择"扭曲"，设置"强度"为 –118°，选择"匹配到父级"，模型会发生错误，如图 3-48 所示。

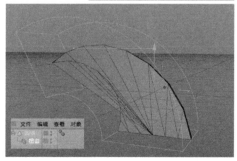

图 3-48

勾选"标准网格"以后布线就正确了，如图 3-49 所示。

3.2.3 圆柱

圆柱和圆锥的原理相同，属性面板中有对象、封顶和切片选项。"半径"代表圆柱的半径，"高度"代表圆柱的高度，"高度分段"代表在 y 轴上分段的面数，"旋转分段"代表连接两个面的边数。例如，将"高度分段"设置为 3，y 轴上就会出现 3 段分开的面，如图 3-50 所示；将"旋转分段"设置为 3，连接上下两个面就变成了 3 条边，如图 3-51 所示。

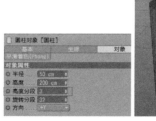

图 3-50

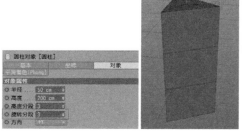

图 3-51

1. 封顶

"封顶"表示顶部和底部的面是封闭的。例如，不勾选"封顶"选项，圆柱的顶部和底部的面将会消失，如图 3-52 所示。

图 3-52

先勾选"封顶"选项，再勾选"圆角"选项。将"分段"设置为 9、"半径"设置为 17，圆柱的边缘部分就有了一定的弧度。"分段"代表弧度的平滑程度，"半径"代表弧度的高度，如图 3-53 所示。

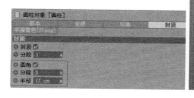

图 3-53

2. 切片

选择"切片"选项，圆柱体只显示一半，如图 3-54 所示。

图 3-54

切片下的起点和终点分别代表顺时针和逆时针的切片角度。将"起点"设置为 110°、"终点"设置为 190°，就会呈现圆柱不同的切片角度，变成另外一个形状，如图 3-55 所示。

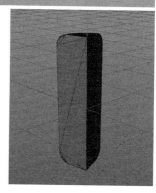

图 3-55

3.2.4 圆盘和管道

圆盘和管道的原理相同，圆盘和管道都是由一个内圆和一个外圆组成的。新建一个管道和一个圆盘，查看属性面板的对象属性，发现两个模型都有内部半径和外部半径。"内部半径"代表内圆的半径，"外部半径"代表外圆的半径。例如，将圆盘"内部半径"和"外部半径"分别设置为 50cm 和 120cm，代表从圆心到内圆边的距离为 50cm、圆心到外圆边的距离为 120cm，如图 3-56 和图 3-57 所示。

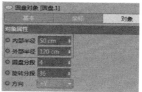

图 3-56

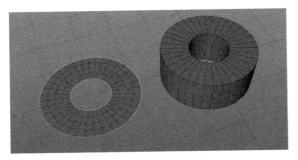

图 3-57

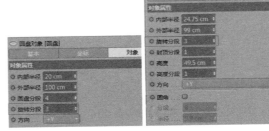

图 3-60

1. 圆盘分段和封顶分段

"圆盘分段"和管道的"封顶分段"是一样的,都是代表内圆到外圆的分段面数。例如,将"圆盘分段"设置为3,管道的"封顶分段"设置为3,可以看到从内圆到外圆的分段面数为3个面,如图3-58和图3-59所示。

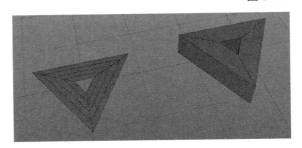

图 3-58

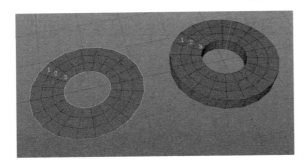

图 3-59

2. 旋转分段

"旋转分段"代表连接圆的边数。例如,将圆盘和管道的"旋转分段"都设置为3,圆盘和管道都变成了3条边,如图3-60和图3-61所示。

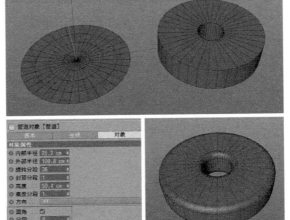

图 3-61

3. 方向

"方向"代表顶部所指的方向,可以改变圆盘和管道的方向变化。

注意,圆盘只是一个面,而管道是有高度的。有高度就会有圆角,用来代表管道边缘的平滑程度。将"分段"设置为8、"半径"设置为10.08cm,圆柱的边缘有了变化,如图3-62所示。

图 3-62

4. 切片

圆盘和管道还有一个共同属性——切片。

34

切片可以将物体分成两半，"起点"和"终点"分别代表顺时针和逆时针切片的角度。圆盘没有"标准网格"选项，管道有"标准网格"选项，原因在于管道是有高度的，有高度的物体才有截面，"标准网格"是针对切开物体的截面布线状态。圆盘是没有高度的，它只是一个面，如图 3-63 所示。

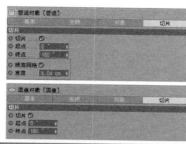

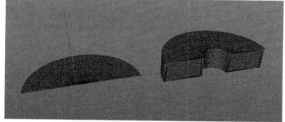

图 3-63

3.2.5 平面

在工作中，平面一般用在两个方面。

平面的第 1 个应用是经常当作场景地面，如制作地面、L 形场景等。以 L 形场景为例，首先新建一个平面,将"宽度分段"和"高度分段"设置为 1,如图 3-64 所示。

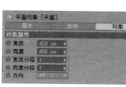

图 3-64

单击左侧工具栏的"转为可编辑对象"选项，然后选择"边"模式，单击平面的一条边，按住 Ctrl 键并拖曳着 y 轴向上拉，建成一个简单的 L 形场景，然后建模或搭建场景进行渲染，如图 3-65 所示。

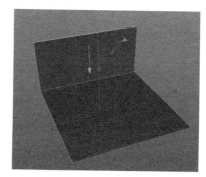

图 3-65

平面的第 2 个应用是作为反光板，具体在后续的灯光相关章节进行详细讲解。

3.2.6 多边形

多边形的作用和平面一样，也可以当作地面和反光板。它还有一个特殊的功能就是三角化，单击多边形对象属性，激活"三角形"选项，多边形就变成了三角形，如图 3-66 所示。工作中用得较少，一般用平面，而不用多边形。

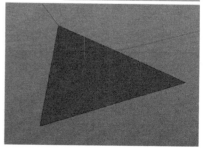

图 3-66

3.2.7 球体

球体的对象属性重点是"类型"，配合分段可以制作很多不一样的图形。例如，新建一个球体，将它的"类型"设置为"二十面体"、"分段"设置为 3,不勾选"理想渲染"选项。球体就变成了宝石，如图 3-67 所示。

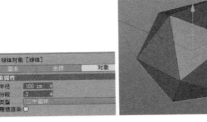

图 3-67

胶囊和油桶的运用范围基本一样，唯一的区别是油桶有封顶高度的参数。"封顶高度"代表连接中心顶点到上下两个圆的面的高度。将"封顶高度"设置为 30cm，就代表中心顶点到上圆的顶面距离为 30cm，如图 3-70 所示。其他参数不做详细讲解，读者可以自行操作。

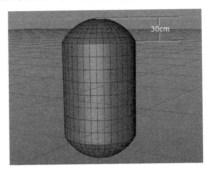

图 3-70

> **TIPS**
> 一定要把"理想渲染"的选项关闭，否则渲染视图还是显示一个球体，而关闭了才会呈现出图像，如图 3-68 所示。

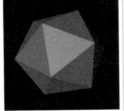

图 3-68

3.2.10 宝石

"半径"代表宝石的大小，"分段"代表面的精细程度。对象属性中不同的类型可以制作不同的效果。例如，将类型设为碳原子，宝石的形状就变成了类似足球的外表，如图 3-71 所示。

3.2.8 圆环

圆环可以理解为由一个大圆和一个小圆组成，大圆代表路径，小圆代表截面，和扫描工具的原理是一样的，在此先做简单介绍，如图 3-69 所示。

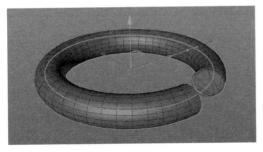

图 3-69

绿色线围绕的路径代表大圆，红色线围绕的路径代表小圆。理解了这个知识点，圆环对象属性中的命令就易懂了："圆环半径"代表大圆的半径，"导管半径"代表小圆的半径，"圆环分段"和"导管分段"分别代表大圆和小圆的平滑程度。

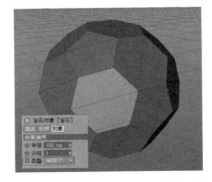

图 3-71

3.2.11 人偶

人偶在工作中基本不会用到，一般在制作家装效果图时作为参考物，以此确定比例。

3.2.12 地形

"尺寸"代表地形的长度、宽度和高度。"宽度分段"和"深度分段"代表地形的平滑程度。"粗糙皱褶""精细皱褶""缩放""海平面""地平面""多重不规则"和"随机"这些参数可以调节地形的精细及变化程度。一般情况下，不做精细调整。对象属性中的"球状"选项可以使地形变成球形效果，如图 3-72 所示。

在工作中地形一般用于两个方面。一个是创建低面体模型，配合减面使用；另一个是创建彩条文字，配合样条约束使用。这两个知识点在讲变形器的使用时有详细讲解。

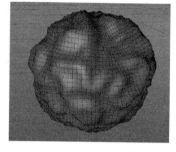

图 3-72

3.2.13 地貌

地貌面板的"纹理"对黑白图像的支持最为明显。例如，单击"纹理"打开图像路径，可以看到地貌会显示图像的内容，黑色部分凹下去，白色部分凸起来，如图 3-73 和图 3-74 所示。

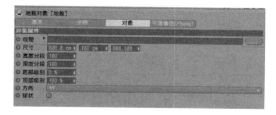

图 3-73

图 3-74

"尺寸"代表地貌的长度、宽度和高度，"宽度分段"和"深度分段"代表地貌的平滑程度，"底部级别"和"顶部级别"代表地貌的底部高度和顶部高度。"球状"可以把地貌球体化，和地形是一样的，如图 3-75 所示。

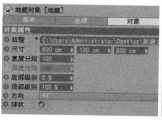

图 3-75

3.2.14 引导线

引导线经常作为参考线来使用，和平面软件的参考线一样。引导线的类型有直线和平面两种，一个是基于线，一个是基于面，但都是起参考作用。勾选"空间模式"，代表在 x、y、z 轴各有一条参考线，如图 3-76 所示。

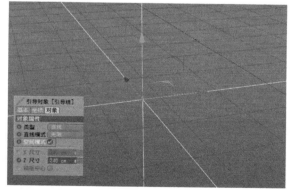

图 3-76

3.3 练习：制作简易机器人

基本几何体全部介绍完，下面通过一个简易机器人的案例来加深对基本几何体的理解，如图 3-77 所示。

图 3-77

① 新建一个平面作为地面，宽度为 1000cm，高度为 2000cm。尽量做得大些，一般都大于摄像机的视野范围。然后新建一个平面，大小不变，选择"旋转"命令 ，垂直旋转 90°，如图 3-78 所示。

图 3-78

② 新建两个立方体，设置"尺寸.X"为 40cm、"尺寸.Y"为 45cm、"尺寸.Z"为 115cm。勾选"圆角"选项，数值为默认，放到合适的位置，如图 3-79 所示。

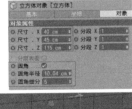

图 3-79

③ 新建两个圆柱体，作为机器人的腿，设置"半径"为 15cm、"高度"为 57cm，分别放到立方体上，如图 3-80 所示。

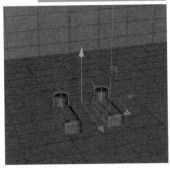

图 3-80

④ 新建一个立方体，作为机器人的身体，设置"尺寸.X"为 135cm、"尺寸.Y"为 200cm、"尺寸.Z"为 170cm，勾选"圆角"选项，将"圆角半径"设置为 4cm、"圆角细分"设置为 5，增加立方体的细节，按住 Alt 键并拖曳鼠标，将视图调整到合适的角度，如图 3-81 所示。

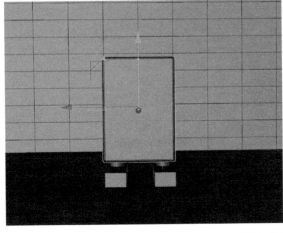

图 3-81

⑤ 新建两个圆环，作为机器人的手臂，设置"圆环半径"为 50cm、"导管半径"为 12cm，放置到立方体的两侧，如图 3-82 所示。

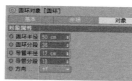

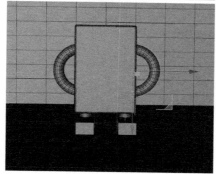

图 3-82

⑥ 新建 3 个立方体，设置"尺寸 .X"为 76cm、"尺寸 .Y"为 33cm、"尺寸 .Z"为 7.2cm，再将分段 Y 设置为 8，勾选"圆角"选项，设置"圆角半径"为 0.8cm、"圆角细分"为 5，分别移动到合适的位置，如图 3-83 所示。

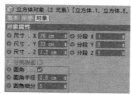

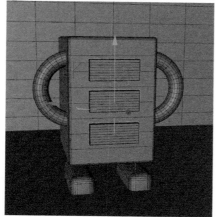

图 3-83

⑦ 单击其中一个立方体，按住 Ctrl 键，移动 y 轴，复制一个立方体，设置"尺寸 .X"为 93cm、"尺寸 .Y"为 138cm、"尺寸 .Z"为 117cm。勾选"圆角"选项，设置"圆角半径"为 3cm、"圆角细分"为 5，移动至身体的上方，如图 3-84 所示。

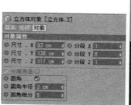

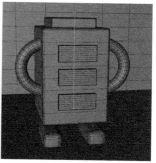

图 3-84

⑧ 制作机器人的头部和五官，分别用不同的几何体代替。用立方体制作头部，设置"尺寸 .X"为 117cm、"尺寸 .Y"为 56cm、"尺寸 .Z"为 136cm，勾选"圆角"选项，设置"圆角半径"为 2.7cm、"圆角细分"为 5；用管道制作眼睛，设置"内部半径"为 8.6cm、外部半径"为 18.6cm，勾选"圆角"选项，设置"分段"为 3、"半径"为 2cm；用立方体制作嘴巴，设置"尺寸 .X"为 27cm、"尺寸 .Y"为 8cm、"尺寸 .Z"为 34cm，勾选"圆角"选项，设置"圆角半径"为 0.8cm；用球体制作耳朵，设置"半径"为 16cm，如图 3-85 和图 3-86 所示。

图 3-85

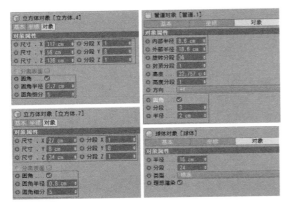

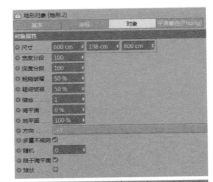

图 3-86

⑨ 新建地形，作为平面的装饰，尺寸设置为600cm、198cm 和 800cm。按住 Ctrl 键并拖曳鼠标多复制几个地形，如图 3-87 所示。简易机器人就制作完成了。

图 3-87

第 4 章
样条曲线

在 Cinema 4D 中，只有基本几何体建模显然无法满足某些模型的建模需求，此时就需要样条曲线的辅助，以便在工作中拥有更高的工作效率，更好地创建模型。

· 样条线
· 钢笔工具
· 练习：制作简单犀牛模型

4.1 样条线

样条线位于"创建 > 样条"菜单，共有15种，分别是圆弧、圆环、螺旋、多边、矩形、星形、文本、矢量化、四边、蔓叶类曲线、齿轮、摆线、公式、花瓣和轮廓，如图4-1所示。这些样条线都有一个共同点——都不能被渲染，因为不是实体模型，需要配合其他工具（比如挤压、放样和扫描等）才能变成实体被渲染，所以它们经常被当作子级来使用。在15种样条类型中，最常用到的是矩形，它也是最重要的一个样条，因此放到第一个来讲解。

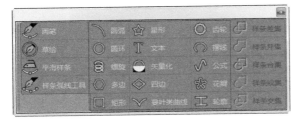

图4-1

4.1.1 矩形

单击"矩形" ▢ 矩形，在对象属性面板中，宽度和高度分别代表矩形的长度和宽度，改变数值可以改变矩形的大小。圆角代表矩形四个角的平滑程度，勾选"圆角"命令，设置"半径"为44cm，可以看到矩形4个角的变化，如图4-2所示。

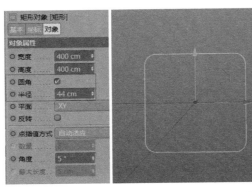

图4-2

平面代表矩形的方向，因为样条线属于二维图像，所以只有两个轴向上的变化，XY的意思是矩形在 x 轴和 y 轴方向。例如，将"平面"更改为XZ，可以看到矩形平行于地面，如图4-3所示。

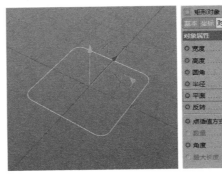

图4-3

"反转"代表点的运行方式。例如，新建两个矩形，勾选一个矩形的"反转"，另一个关闭，然后框选这两个矩形，按C键将这两个矩形转换为可编辑对象，选择编辑菜单中的"点"模式，可以看到，两个矩形的点的运行方式是不一样的，一个顺时针，一个逆时针，如图4-4所示。

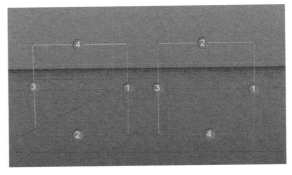

图4-4

点的不同运行方式有什么作用呢？切换成"点"模式，单击右边矩形右上角的点，在选中点的前提下，单击鼠标右键，在弹出的对话框中选择"设置起点"，可以明显看到点的运行方式发生了变化，如图4-5所示。然后将两个矩形"闭合样条"的选项都取消，视图中两个矩形的开口位置发生了变化，如图4-6所示。这个知识点在工作中经常用到，读者需要熟练掌握。

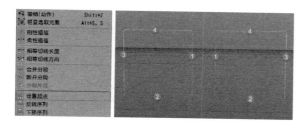

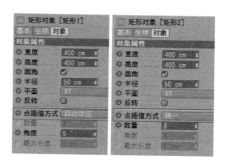

图 4-7

图 4-8

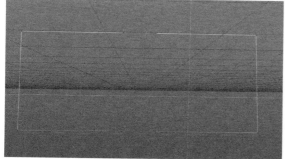

图 4-5

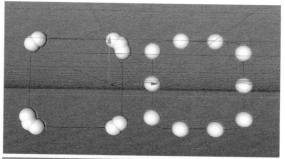

图 4-6

"点插值方式"代表点的排布方式。新建两个矩形，将矩形 1 的点插值方式保持"自动适应"，矩形 2 的点插值方式改为"统一"，如图 4-7 所示。然后新建两个球体，将"半径"设置为 37cm，新建两个克隆，将球体分别放到克隆的子级，将克隆的"模式"更改为"对象"，将矩形 1 和矩形 2 分别放到"对象"属性中，可以看到点的分布方式发生了变化，如图 4-8 和图 4-9 所示。

图 4-9

在工作中，正常情况下一般把"点插值方式"调为"统一"。

矩形在工作中的运用范围非常广，可以将矩形转换为可编辑对象，选择点模式，然后选中其中一个点，单击鼠标右键，在弹出的菜单中选择"倒角"，就可以改变它的形状，如图 4-10 所示。在绘制特殊图形的时候也经常遇到，这在后面的案例中会讲到。

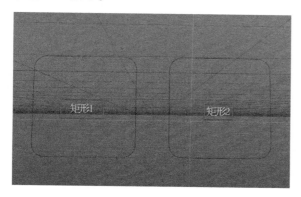

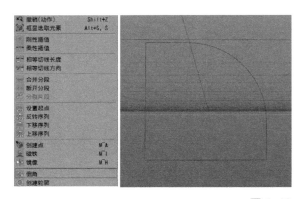

图 4-10

4.1.2 圆弧

圆弧的类型有 4 种，分别是圆弧、扇区、分段和环状，如图 4-11 所示。

图 4-11

圆弧的"半径"代表圆弧的大小，"开始角度"和"结束角度"代表圆弧从 0° 旋转到 360°。例如，将"开始角度"设置为 0°、"结束角度"设置为 360°，可以看到圆弧变成了一个圆形，如图 4-12 所示。"平面"代表圆弧的方向，XY 的意思是圆弧在 x 轴和 y 轴方向的平面上，红色代表 x 轴，绿色代表 y 轴，如图 4-13 所示。

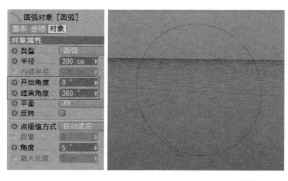

图 4-12

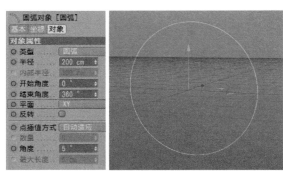

图 4-13

扇区是将圆弧闭合，调节半径可以改变大小，调节开始角度和结束角度可以改变扇区的旋转角度。将"开始角度"设置为 360°，将"结束角度"设置为 180°，场景中就变成了半圆形的效果，如图 4-14 所示。

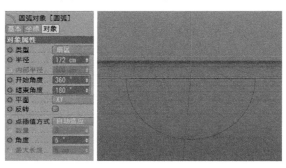

图 4-14

分段是将圆弧以直角的方式连接起来，改变角度可以变化形状。例如，将"开始角度"设置为 350°、"结束角度"设置为 45°，就变成"吃豆豆"游戏的形状，如图 4-15 所示。

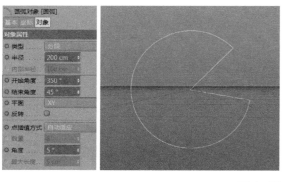

图 4-15

环状是将圆弧分成内外两个圆弧并连接起来，调整"内部半径"和"半径"可以调整大圆和小圆的半径大小，将"半径"设置为200cm、"内部半径"设置为270cm、"开始角度"设置为250°、"结束角度"设置为20°，如图 4-16 所示。

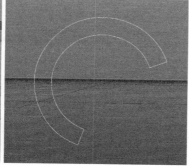

图 4-16

4.1.3 圆环

勾选"椭圆"选项，可以看到两个"半径"选项同时激活，分别代表所在平面的半径大小。例如，现在"平面"的设置为XY，两个"半径"就分别代表 x 轴和 y 轴上圆环的半径大小，将第 1 个"半径"设置为280cm、第 2 个"半径"设置为120cm，如图 4-17 所示。

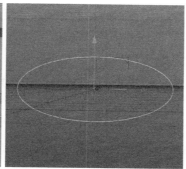

图 4-17

勾选"环状"选项，内部就会同时出现一个"椭圆"选项，"内部半径"也随之激活，调节其大小可以改变两个圆之间的距离，如图 4-18 所示。

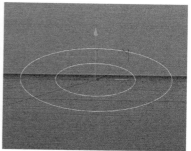

图 4-18

4.1.4 螺旋

螺旋可以比作是中间用螺旋线连接起来的两个圆。

起始半径：表示靠近坐标轴的圆的半径。

开始角度：表示靠近坐标轴的圆到远的圆的螺旋圈数。

终点半径：离坐标轴心远的圆的半径。

结束角度：表示离轴心点远的圆到靠近轴心点的圆的螺旋圈数。

半径偏移：默认为 50% 平均分布，值越小越靠近轴心点。

高度：两个圆之间的距离。

高度偏移：默认为 50% 平均分布，值越小越靠近轴心点。

细分数：样条的线段数量，只有在转换为可编辑对象后的点层级中可见。

将"起始半径"和"终点半径"都设置为 0，螺旋就变成一条直线，靠近坐标轴的点为起始点，而离的远的点为终点，如图 4-19 所示。

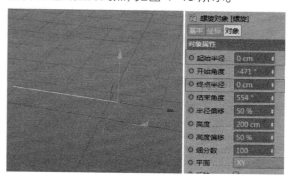

图 4-19

4.1.5 多边

"半径"代表多边形的大小,"侧边"代表多边形的边数,"圆角"和"半径"代表连接边的点的圆滑程度。例如,将"侧边"设置为6,勾选"圆角"选项,将"半径"设置为60cm,就会出现圆角六边形的效果,如图4-20所示。

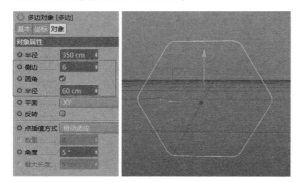

图4-20

4.1.6 星形

对象属性中有"内部半径"和"外部半径",也可以理解为内外两个圆,不过这两个圆是以星形的边的模式连接起来的。例如,将"内部半径"设置为360cm、"外部半径"也设置为360cm,星形就变成了一个圆,说明内外两个圆重合了,如图4-21所示。

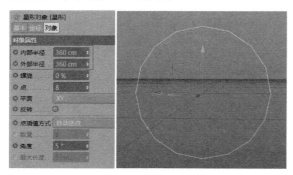

图4-21

星形的"螺旋"选项代表外圆的旋转角度。将"螺旋"旋转40%,表示外圆顺时针旋转40°,红色框代表外圆,绿色框代表内圆,如图4-22所示。

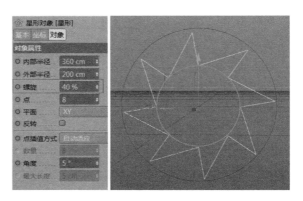

图4-22

"点"代表星形的顶点数,如将"点"设置为5,星形就变成五角形的形状,如图4-23所示。

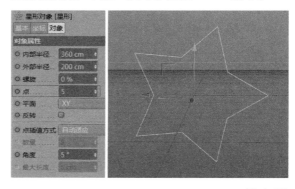

图4-23

4.1.7 文本

文本工具也是工作中必用的一个样条线。在文本框中可以输入所需要的内容,完成后单击场景中任意位置即可。

"字体"可以改变不同的字体。"对齐"代表坐标轴心点的位置,"中"对齐代表坐标轴在文字中心位置。"高度"代表字体的大小,"水平间隔"代表字间距,"垂直间隔"代表行距。"分隔字母"代表文本转换为可编辑对象后文本是否是独立个体。例如,新建两个文本,将第1个文本激活"分隔字母",第2个保持默认,然后同时将两个文本转换为可编辑对象,可以看到激活分隔字母的文本是单独存在的,而保持默认的文本是一个整体,如图4-24和图4-25所示。

图 4-24

图 4-25

利用"显示 3D 界面"选项可以在工作中更加快速地使用文本工具。勾选"显示 3D 界面"选项，会看到文本上出现很多小的标签，相对应的就是 3D 界面下方的数值，可以直接拖动对它进行调整，下方的数值会相应发生变化，非常方便，如图 4-26 所示。

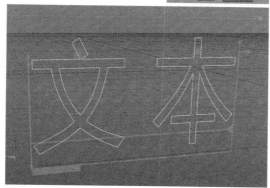

图 4-26

4.1.8 矢量化

矢量化对黑白贴图的处理更加明显。打开一张黑白图，将它拖曳到纹理面板上，也可以单击"纹理"打开文件路径，场景中会出现黑白图像的样条效果，如图 4-27 和图 4-28 所示。其中，"宽度"代表图片的大小，"公差"代表图像样条化的精细程度。

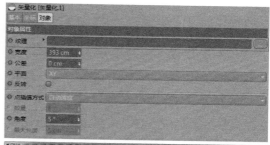

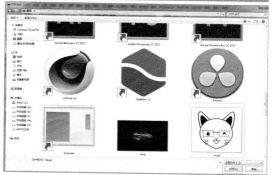

图 4-27

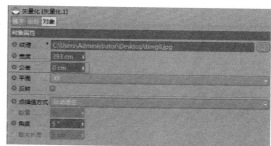

图 4-28

4.1.9 四边

四边的类型包括菱形、风筝、平行四边形和梯形,如图 4-29 所示。

图 4-29

在菱形对象中,A 为宽度,B 为高度。A 和 B 都设置为 100cm 时为正方形,如图 4-30 所示。

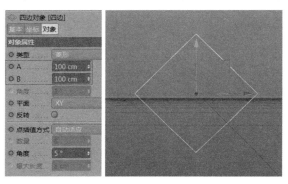

图 4-30

风筝可以看成是由两个三角形合并而成的,A 代表上面的三角形,B 代表下面的三角形,A 和 B 都设置为 100cm 时为正方形,如图 4-31 所示。

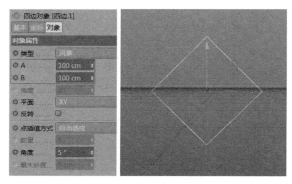

图 4-31

平行四边形的 A 为宽度,B 为高度,角度为连接两边的夹角,将角度设置为 0° 时为长方形,如图 4-32 所示。

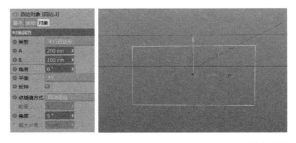

图 4-32

梯形的 A 为宽度、B 为高度、"角度"代表连接边夹角的收缩角度,角度为 0° 时是长方形,如图 4-33 所示。

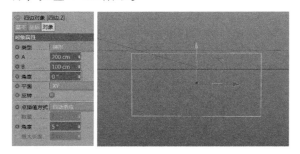

图 4-33

4.1.10 蔓叶

蔓叶的类型有蔓叶、双扭和环索 3 种,如图 4-34 所示。

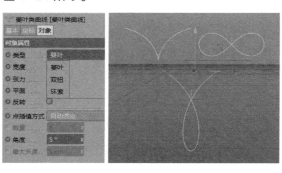

图 4-34

"宽度"可以改变蔓叶的大小,"张力"代表蔓叶收缩的力量。将"张力"设置为 100,蔓叶就会收缩得最紧,如图 4-35 所示。

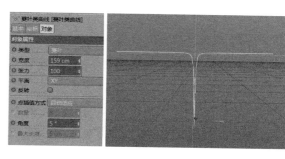

图 4-35

图 4-38

4.1.11 齿轮

勾选"传统模式"选项，只在对象中显示齿数、内部半径、中间半径、外部半径和斜角的参数，如图 4-36 所示。

"齿""锁定半径""方向""根半径""附加半径""间距半径"等属性都是对齿轮最外环的形状做细节调节，读者可以通过自己调节数值理解命令的意义，这里就不一一讲解了。

嵌体的类型有"无""轮辐""孔洞""拱形"和"波浪"，控制齿轮内部形状，如图 4-39 所示。

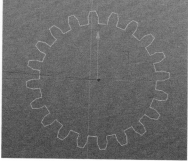

图 4-36

"显示引导"是显示齿轮结构的各种参考线。引导颜色是指参考线的颜色，如图 4-37 所示。

图 4-39

简单介绍一下嵌体的属性。

1. 无

"中心孔"是在中心位置添加一个圆孔。"半径"是圆孔的半径大小。"缺口"是从中心孔的外沿向齿轮半径位置切出一个方形。"深度"是缺口的长度，注意长度不能超出齿轮。"宽"是缺口的宽度。"切口方向"是缺口的角度。设置"半径"为 30cm、"深度"为 20cm、"宽"为 15cm、"切口方向"为 15°，效果如图 4-40 所示。

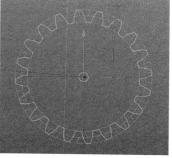

图 4-37

齿的类型有"无""渐开线""棘轮"和"平坦"，控制齿轮的外部轮廓，如图 4-38 所示。

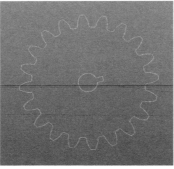

图 4-40

2. 轮辐

"外半径"为外部尺寸。"内半径"为内圈尺寸。"外宽度"为两个轮辐外部半径端的间距，"内宽度"为两个轮辐内部半径端的间距，值越小间距越小。"倒角"为圆角。

设置"轮辐"为 7、"外半径"为 160cm、"内半径"为 36cm、"外宽度"为 40%、"内宽度"为 50%，效果如图 4-41 所示。

图 4-41

3. 孔洞

"半径"是单个孔洞的半径。"环状半径"是整体孔洞的半径。"弧线"是单个孔洞的宽度。

设置"孔洞"为 10、"半径"为 30cm、"环状半径"为 120cm，效果如图 4-42 所示。

图 4-42

4. 拱形

"外半径"为外部尺寸。"内半径"为内圈尺寸。"弧分数"为外圈上单个拱形的宽幅。

设置"拱形"为 3、"外半径"为 138cm、"内半径"为 120cm、"弧分数"为 100%，效果如图 4-43 所示。

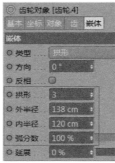

图 4-43

5. 波浪

"外半径"为外部尺寸。"内半径"为内圈尺寸。"频率"为波动数量。"振幅"为波动圈数。"相位"为振动角度。"宽"为单个波浪的厚度。

设置"波浪"为 6、"外半径"为 140cm、"内半径"为 40cm、"频率"设置为 123°，效果如图 4-44 所示。

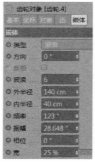

图 4-44

具体的参数，读者可以根据自己的需要进行调整。嵌体调节的是齿轮的内部形状细节。

4.1.12 摆线

摆线的类型有"摆线""内摆线"和"外摆线"，如图 4-45 所示。

图 4-45

"半径"代表摆线的大小。"a"选项代表摆线的扩展程度,数值越大,摆线的扩展程度越大。将"a"设置为 0cm,摆线就变成了一条直线,如图 4-46 所示。

图 4-46

摆线的"开始角度"代表从 x 轴正方向的螺旋程度,"结束角度"为 x 轴负方向的螺旋程度。角度越大,螺旋的圈数越多。如将"开始角度"设置为 3000°,效果如图 4-47 所示。

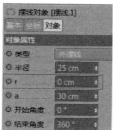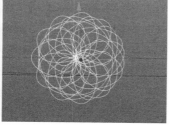

图 4-47

和摆线相比,外摆线多了一个"r"选项,代表摆线内部的复杂程度,0cm 为最大,如图 4-48 所示。

图 4-48

内摆线和外摆线的对象命令都是一样的,唯一区别就是一个向里生长、一个向外生长。设置同样的数值,例如,"半径"为 399cm、r 为 50cm、a 为 75cm、"开始角度"为 -50°、"结束角度"为 360°,改变类型可以看到摆线的变化,如图 4-49 和图 4-50 所示。

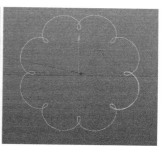

图 4-49

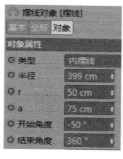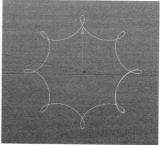

图 4-50

4.1.13 公式

公式是指将样条线以公式的形式表现出来,类似于高中课本中的抛物线概念,用一个公式来表示样条线的走向。里面的参数不用都看明白,只要记住"Tmin""Tmax"和"采样",工作中一般就够用了。"Tmin"和"Tmax"代表波峰到波谷的最小数量和最大数量,采样代表波纹曲线的平滑程度。将"Tmin"改为 15、"Tmax"改为 31、"采样"改为 190,效果如图 4-51 所示。

图 4-51

4.1.14 花瓣

花瓣的参数比较简单，"内部半径"和"外部半径"代表花瓣的尺寸，"花瓣"代表花瓣数。设置"内部半径"为0cm、"外部半径"为500cm、"花瓣"为11，效果如图4-52所示。

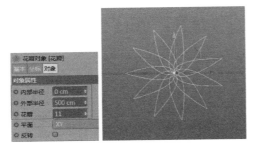

图4-52

4.1.15 轮廓

轮廓类型有H形状、L形状、T形状、U形状和Z形状，如图4-53所示。

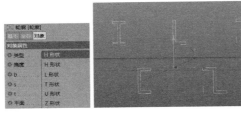

图4-53

"高度"代表整个形状的高度。b代表左侧边固定的情况下，形状的总宽度。s代表不影响总宽度的情况下，中间矩形的宽度。t代表不影响总高度的情况下，中间矩形的高度。蓝色代表b，红色代表s，黑色代表t，如图4-54所示。

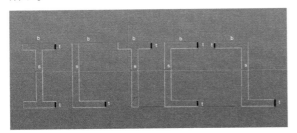

图4-54

样条（差集、并集、合集、或集和交集）和后面要讲到的样条布尔的意思是一样的。在选中两个样条的前提下才能激活。单击形状的顺序不一样，结果也不一样，如图4-55所示，首先单击的定为A，随后单击的定为B，如新建一个星形和一个圆形。差集代表A-B，并集代表A+B，合集代表A与B的公共区域，如图4-56所示。

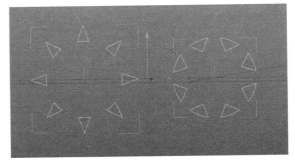

图4-55

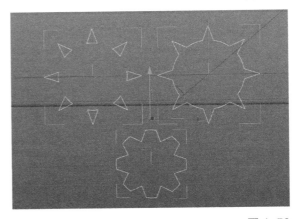

图4-56

样条或集和样条交集都是将样条拆分开。新建两个样条，分别代表A和B，或集代表将A和B拆分成单个的样条，是"或"的一种关系，不是A就是B；而交集代表将两个样条拆分的多个样条，既有A，也有B，也有A和B的公共区域。新建一个圆和一个四边形，选择样条或集，选择点模式 ，选中其中的一个点，单击"选择连接"，快捷键是U~W，向上移动，如图4-57所示。同样的操作，选择样条交集，选择点模式 ，单击"选择连接"，向上移动，4-58所示。

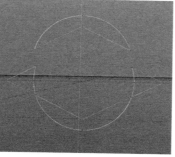

图 4-57

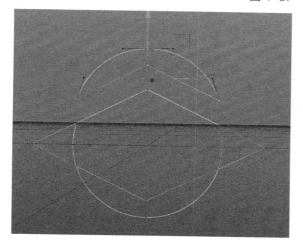

图 4-58

4.2 钢笔工具

　　钢笔工具有 4 种类型，分别是画笔、草绘、平滑样条和样条弧线工具。画笔工具和平面软件中钢笔工具的用法是相通的，在基本样条线和基础几何体满足不了的情况下，它的作用在于绘制一些特殊的图形，如图 4-59 所示。

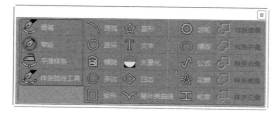

图 4-59

4.2.1 画笔

　　画笔有 5 种类型，分别是线性、立方、Akima、B-样条和贝塞尔。"线性"代表绘制出来的线条是以直角形式显示的，"立方"和"Akima"代表绘制出来的样条以一定的角度显示，这 3 种绘制方式在工作中只在特殊情况下使用，一般用得比较少，如图 4-60 所示。

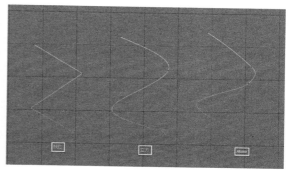

图 4-60

1. B-样条

　　调整起来比较方便，绘制出的线条的点都在样条外侧，直接调整点的位置就可以调节样条的情况。切换成移动工具，点选红色选框区域就可以改变样条的情况，如图 4-61 所示。

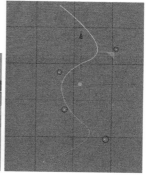

图 4-61

2. 贝塞尔

　　工作中用得最多的一种钢笔绘制模式，绘制的样条点都有两个手柄，可以更加方便地调节样条的形状，如图 4-62 所示。

图 4-62

如果想在绘制样条的线当中加绘制点，就需要按住 Ctrl 键，在显示白色线的同时单击样条，如此添加一个点。如果想去掉多余的点，就在要删除的点上单击鼠标右键，在弹出的菜单中选择"删除点"即可，如图 4-63 所示。

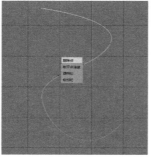

图 4-63

在绘制过程中，如果只想调整两个手柄中的一个，需要先选中需要调整的点，按住 Shift 键的同时左右拖曳鼠标，可以看到只有要调整的手柄移动了，另一个没有变化，如图 4-64 所示。这个操作方法在工作中会经常使用，读者需多加练习。

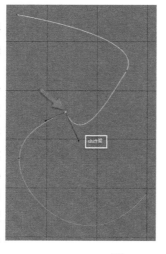

图 4-64

4.2.2 草绘

草绘工具和平面软件中的画笔类似，可以在视图中画出想要的形状，如图 4-65 所示。

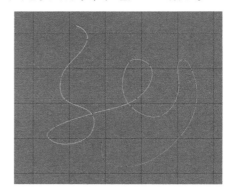

图 4-65

4.2.3 平滑样条

平滑已绘制出的样条，非常方便，它的对象属性也非常多，有平滑、抹平、随机、推、螺旋、膨胀和投射。激活各个选项，可以选择不同的平滑方式，如图 4-66 所示。

图 4-66

例如，勾选"随机"选项平滑样条时，可以看到样条会以一种随机的方式显示出来，如图 4-67 所示。"膨胀"选项会使样条膨胀起来，其他以此类推，这里就不做详细讲解了。

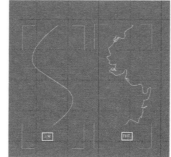

图 4-67

4.2.4 样条弧线

样条弧线是以圆的形式绘制的，操作方法为按住鼠标左键并拖曳，出现一个圆，再重复操作绘制出第一个圆形样条弧线，以此类推，如

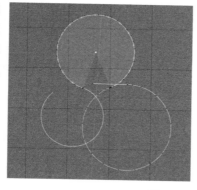

图 4-68

果想取消可以单击视图，取消选择，如图 4-68 所示。

4.3 练习：制作简单犀牛模型

下面通过一个案例来掌握样条曲线工具及钢笔工具的运用。首先看一看案例效果，如图 4-69 所示。

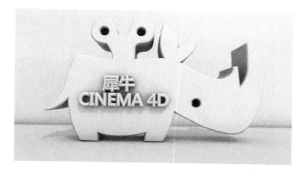

图 4-69

❶ 启动 Cinema 4D，打开素材文件"素材 >4.3 犀牛"，滑动鼠标滑轮将其切换成正视图，如图 4-70 所示。

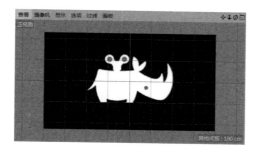

图 4-70

❷ 选择"创建 > 样条 > 画笔"，设置类型为"贝塞尔"，绘制犀牛的轮廓，要点是按照前面讲到的钢笔的使用技巧进行绘制。绘制完成以后为红色线条显示的范围，如图 4-71 所示。

图 4-71

❸ 选择"创建 > 样条 > 圆环" ，绘制眼睛和发条的圆形部分，绿色圆圈为圆环部分，如图 4-72 所示。

图 4-72

❹ 将 3 个圆环全部选中，单击鼠标右键，在弹出的菜单中选择"连接对象 + 删除"，使其成为一个整体，如图 4-73 所示。

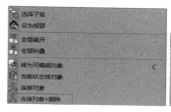

图 4-73

❺ 选择连接后的圆环和样条，选择"样条或集"，使其成为一个单独的样条。将单独的样条作为挤压的子级进行操作，将挤压的圆角封顶打开，保持默认数值，将"深度"设置为 60cm，如图 4-74 和图 4-75 所示。

图 4-74

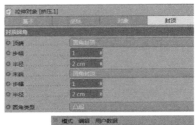

图 4-77

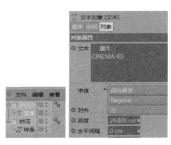

图 4-75

⑥ 新建样条的文本工具,在文本对话框中输入"犀牛 CINEMA 4D",对文本作为子级进行挤压操作。设置"深度"为 20cm,将"圆角封顶"打开,再将"半径"设置为 2cm,如图 4-76~ 图 4-78 所示。

图 4-78

⑦ 新建两个平面,分别作为地面和背景,建模部分制作完成,如图 4-79 所示。

图 4-76

图 4-79

第 5 章
生成器——NURBS 建模

生成器——NURBS 建模也称为曲面建模，类型有细分曲面、挤压、
扫描、放样、旋转和贝塞尔。本章将重点介绍这几个工具，NURBS
建模工具组是始终作为父级使用的。在自然界中，不是所有物体都是
方方正正的，还有很多圆形或其他形状的物体，例如人物模型。如果
只有基本几何体和样条线是很难完成建模的，所以要配合曲面建模工
具。NURBS 建模工具组在工作中是十分常用的，需要读者认真掌握，
本章是建模篇的重点也是难点。

· 细分曲面
· 挤压
· 旋转
· 放样
· 扫描
· 贝塞尔

5.1 细分曲面

细分曲面是将几何体进行更平滑的处理，它是根据几何体的布线来进行操作的。布线越多，平滑程度就越精细，也就越接近物体本身。

细分曲面 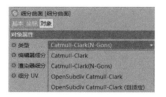 的位置位于"创建 > 生成器 > 细分曲面"，作用是将物体曲面化，针对方形物体效果最为明显。例如，创建一个立方体，然后创建细分曲面并将它作为父级使用，可以看到立方体变成了球体的形状，如图5-1所示。

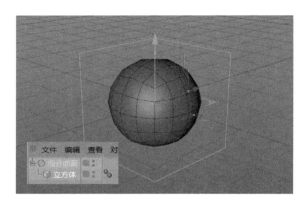

图5-1

细分曲面的类型很多，不一一列举，它的作用是改变细分曲面的布线效果，工作中用得最多的还是其默认的类型，即Catmull-Clark(N-Gons)，如图5-2所示。

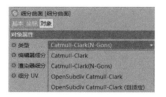

图5-2

5.1.1 细分曲面的对象属性

"编辑器细分"是改变物体在编辑器中即场景中的细分数。一般在工作中需要将它调得小一些，因为细分数越少，它的面数越少，这样计算机会运行快些，工作效率也随之增加。例如，将"编辑器细分"改为2和5，它在场景比较大时运行的速度明显是不一样的，如图5-3和图5-4所示。

图5-3

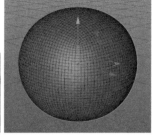

图5-4

"渲染器细分"是改变物体最终渲染时的细分数。在编辑器细分设置好的前提下，如果渲染器细分很小，渲染出的图像也是以渲染器细分为准的。例如，将"编辑器细分"设置为5，"渲染器细分"调为1，图像在场景中显示是正常的，但是当渲染到图片查看器时，渲染出的图像是以渲染器细分为准的，如图5-5和图5-6所示。

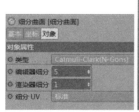

图5-5

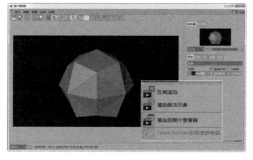

图5-6

"细分 UV"代表细分曲面的 UV 贴图的方式，这个知识点在工作中只有在特殊情况下才会用到，本书中不做讲解。

5.1.2 练习：制作简单的卡通人

介绍完细分曲面的基本对象属性，下面通过一个简单的卡通人案例介绍一下细分曲面在工作中最常用的操作方法，这也是非常重要的一个运用。先看一下案例效果图，如图 5-7 所示。

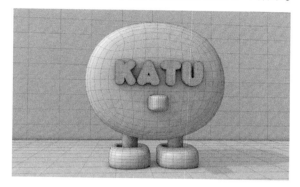

图 5-7

❶ 创建一个立方体，大小为默认大小。创建一个细分曲面，将立方体作为子级放到细分曲面的下方。将"显示"模式改为"光影着色（线条）"模式显示，如图 5-8 所示。

图 5-8

❷ 单击对象面板中的"立方体"，将立方体的分段加大，这时可以看到立方体发生了变化。例如，设置"分段 Z"为 9、细分曲面中的"编辑器细分"为 3，头部制作完成，如图 5-9 所示。

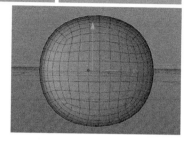

图 5-9

❸ 创建一个立方体，作为卡通人的鼻子，设置"尺寸 .X"为 20cm、"尺寸 .Y"为 16cm、"尺寸 .Z"为 70cm。设置"分段 X"为 3、"分段 Y"为 5、"分段 Z"为 1。创建细分曲面，将立方体作为子级放在细分曲面的下方，如图 5-10 所示。

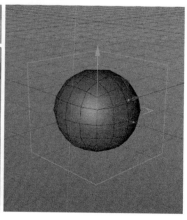

图 5-10

❹ 创建样条文本，文本内容输入字体 KATU，读者可以选择自己喜欢的字体，此处使用的是系统自带的Carter One，将"高度"设置为 57cm，其他保持不变，如图 5-11 所示。

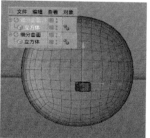

图 5-11

❺ 创建挤压，将文本作为子级放在挤压的下方，将挤压的"移动"数值改为 0cm、0cm 和24cm。将"模式"设为"封顶圆角"，设置"半径"为 2cm，并将字体移动到合适的位置，如图 5-12和图 5-13 所示。

图 5-12

图 5-15

8 创建细分曲面，将立方体作为子级，放在细分曲面的下方，如图 5-16 所示。

图 5-13

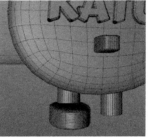

图 5-16

9 此处要用到细分曲面的另一个知识点，这个知识点在工作中也非常重要。将立方体转换为可编辑对象，快捷键是 C，选择"多边形"模式 ，选中立方体最上面的面，如图 5-17 所示。

6 创建两个圆柱，设置"半径"为 13cm、"高度"为 40cm，移动到合适的位置，如图 5-14 所示。

图 5-17

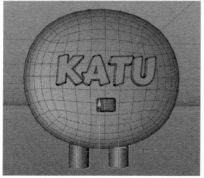

图 5-14

7 创建立方体，设置"尺寸 .X"为 43cm、"尺寸 .Y"为 22cm、"尺寸 .Z"为 86cm。设置"分段 X"为 1、"分段 Y"为 4、"分段 Z"为 1，移动到合适的位置，如图 5-15 所示。

10 用鼠标右键单击最上面的面，在弹出的菜单中选择"内部挤压"，拖曳鼠标左键向左移动，缩放到合适的大小，选中 z 轴，按住 Ctrl 键向下拖曳，就会出现鞋子的效果，如图5-18 所示。

60

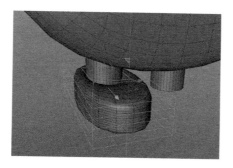

图 5-18

⑪ 框选细分曲面和立方体，按住 Ctrl 键，复制一个放置于另一个圆柱体下。创建两个平面，分别作为背景和地面，放置于合适的位置，建模部分完成，如图 5-19 所示。

图 5-19

5.2 挤压

挤压在生成器中是最常用的工具之一，它的作用在于将样条实体化（样条线是不能被直接渲染的），并且挤出一定的厚度。创建一个圆环样条线，如果直接渲染是没有任何效果的，漆黑一片，如图 5-20 所示。

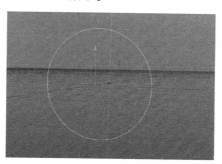

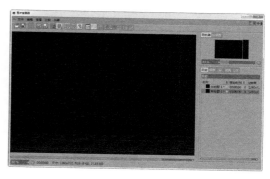

图 5-20

创建挤压，将圆环作为子级放置于挤压的下方。圆环就变成了实体模型并且拥有一定的厚度，这时再渲染就会出现模型，如图 5-21 所示。

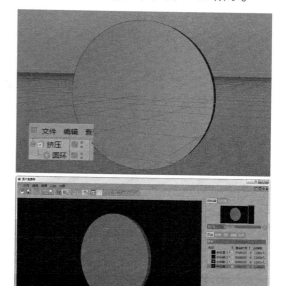

图 5-21

单击挤压，有对象和封顶两个重要属性。

5.2.1 挤压的对象属性

移动代表分别向 x 轴、y 轴和 z 轴挤压的厚度。例如，将 z 轴设置为 40cm，表示圆环向 z 轴伸展 40cm，即向蓝色轴的方向伸展 40cm，如图 5-22 所示。

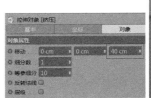

图 5-22

　　刚开始使用挤压的移动命令时，容易搞错方向、出现错误，例如，在顶视图创建一个圆环和一个挤压，将圆环作为子级放于挤压的下方。可以在透视图中看到圆环的挤压出现错误，如图 5-23 所示。

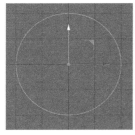

图 5-23

　　出现这种错误的原因就是搞错了方向，挤压默认伸展方向是 z 轴，而这个图中，圆环是在顶视图建立的，所以如果直接用默认挤压的话，就会沿 z 轴挤压。出现上述现象，解决方法是将 z 轴的数值改为 0cm，将 y 轴（绿色）数值改为 24cm，其他保持默认，圆环就恢复正常了，如图 5-24 所示。

图 5-24

　　"细分数"代表挤压方向上的面数。例如，将"细分数"改为 5，代表在 y 轴方向上伸展的面数为 5，如图 5-25 所示。

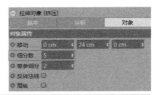

图 5-25

　　"反转法线"代表垂直于面的反面所指的方向。创建两个圆环，分别挤压，一个激活反转法线，另一个保持默认。将两个挤压的圆环分别选中，单击鼠标右键，在弹出的菜单中选择"连接对象 + 删除"，如图 5-26~ 图 5-28 所示。

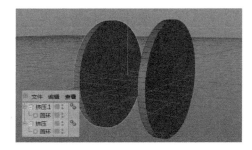

图 5-26

图 5-27　　　　　　图 5-28

　　选择编辑面板中的"多边形"模式，选中圆柱的其中一个面，激活反转法线的圆柱垂直于面的坐标轴所指方向是向里的，正常情况下是向外的，如图 5-29 所示。

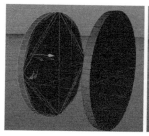

图 5-29

"层级"代表挤压下方的对象全部挤压。例如，勾选"层级"命令，创建一个圆环和一个矩形，将这两个样条全部放到挤压的下方，圆环和矩形就会挤压出一定的厚度，如图 5-30 所示。

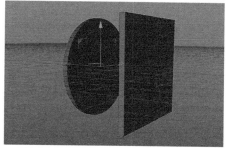

图 5-30

封顶有 4 种类型，依次是无、封顶、圆角和圆角封顶。"无"代表没有顶面和底面；"封顶"代表封住底面和顶面；"圆角"代表与顶面和底面接触的边是以圆角形式出现的，但没有顶面和底面；"圆角封顶"代表以圆角的形式封住底面和顶面，如图 5-31 所示。

图 5-31

"步幅"代表圆角的圆滑程度。例如，将步幅设置为 10，面数就会增加，更加平滑，如图 5-32 所示。

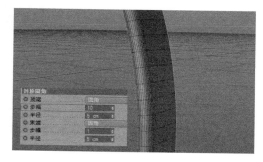

图 5-32

"半径"代表连接顶面和顶面圆角的大小。例如，将半径设置为 10cm，圆角的大小半径就增加到 10cm，如图 5-33 所示。

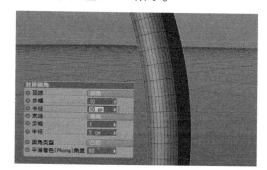

图 5-33

"顶端"和"末端"代表顶面和底面，圆角类型有 7 种，分别是线性、凸起、凹陷、半圆、1 步幅、2 步幅和雕刻，代表圆角的形状，如图 5-34 和图 5-35 所示。

图 5-34

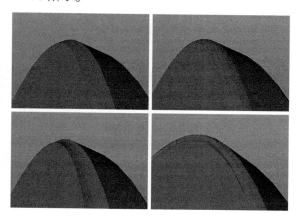

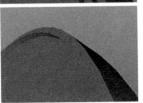

图 5-35

　　凸起和凹陷的步幅为 1 时效果和线性是一样的，增加步幅的值才能看出来差别。线性的步幅调高后形状也不会有变化。半圆的步幅为 1 时形状没有变化，步幅为 2 时是一个尖锐的边缘凸起，能够使边缘更圆滑，增加边缘的细分数。1 步幅、2 步幅和雕刻的步幅数对形状没有影响。

　　"外壳向内"代表对象的外沿圆角显示方式。例如，创建齿轮及挤压，将齿轮作为子级放置于挤压的下方，对比不勾选外壳向内和勾选外壳向内，可以明显看出变化，如图 5-36 和图 5-37 所示。

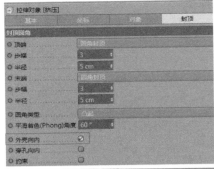

图 5-37

　　"穿孔向内"代表对象的镂空边圆角的显示方式。还是拿上一个齿轮作为对比，勾选穿孔向内与不勾选穿孔向内的形状变化如图 5-38 和图 5-39 所示。

图 5-36

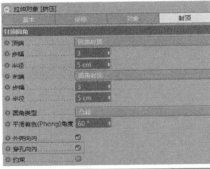

图 5-38

图 5-39

"约束"是将整体对象的长宽限定在原来的样条内。创建两个齿轮,勾选约束和关闭约束,两个齿轮有明显变化。没有加约束的齿轮会明显比激活约束的齿轮大一些,如图 5-40 所示。

图 5-40

勾选"创建单一对象",如果把图形转换成可编辑对象,会是一个整体、单一的对象,而没有勾选选项,转换成可编辑对象后,会出现多个对象,包括封顶等,如图 5-41 和图 5-42 所示。

图 5-41

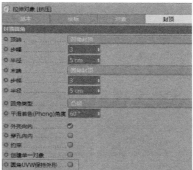

图 5-42

"圆角 UVW 保持外形"代表挤压物体在上材质以后,圆角的材质也会显示在物体的材质中。创建一个普通材质,随便贴一张贴图,对比勾选此选项与不勾选此选项的材质变化,如图 5-43 和图 5-44 所示。此选项内容只做了解,在工作中只有特殊情况下才会用到。

图 5-43

图 5-44

类型有 N-gons、三角形和四边形。标准网格在三角形或者四边形时会自动激活，它的作用是改变物体的布线，使布样更加整齐，再添加细分曲面就不会出现错误并能出现一些特殊效果。

5.2.2 练习：制作立方字母

❶ 选择"创建 > 样条 > 文本"和"创建 > 生成器 > 挤压"，文本对象作为子级放置于挤压的下方，输入文字 AF，选择字体为 Backslide，如图 5-45 所示。

图 5-45

❷ 选择"创建 > 生成器 > 细分曲面"，作为父级放置于挤压的上面，这时可以看到 AF 会发生错误，如图 5-46 所示。

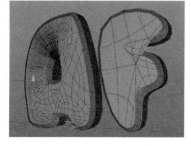

图 5-46

❸ 设置"类型"为三角形或四边形，勾选"标准网格"就会恢复正常，如图 5-47 所示。

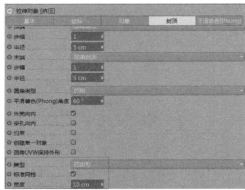

图 5-47

5.3 旋转

旋转是将样条以全局坐标为中心，旋转 360°的轨迹，而后生成模型。

绘制一个剖面样条，以全局坐标轴为中心点旋转创建对象。例如，创建一个圆弧和旋转，将圆弧作为子级放置于旋转的下方，显示为半圆形，如图 5-48 所示。

图 5-48

5.3.1 旋转的对象属性

角度：指需要创建样条旋转多少度的对象。

细分数：代表旋转复制的面数量，数值越

高越圆滑。

网格细分：指横线的网格细分数量。

3 个选项的数值可以切换到顶视图查看，更加明显方便。例如，设置"角度"为 180°、"细分数"为 1、"网格细分"为 2，然后复制一个半圆，设置"角度"为 180°、"细分数"为 10、"网格细分"为 50，如图 5-49 和图 5-50 所示。

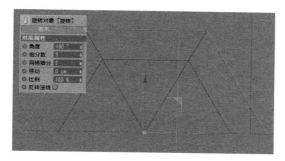

图 5-49

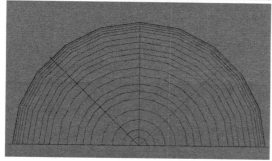

图 5-50

移动：指终点位移。

比例：为终点缩放，读者可以自己调节数值，观察旋转变化，但在工作中不常使用，只作为了解。

反转法线：和挤压的反转法线是一样的。例如，复制两个半圆，一个勾选反转法线，另一个不勾选。选择"多边形"模式，坐标轴垂直于面的方向是相反的，如图 5-51 和图 5-52 所示。

图 5-51

图 5-52

封顶和挤压中的封顶原理是一样的，但有前提条件，必须是闭合样条并且角度小于 360°时才能看到；而且封的是截面的顶。例如，创建一个圆弧。把圆弧转换成可编辑对象，选择"点"模式，选中一个点，按快捷键 Ctrl+A 全选。单击鼠标右键，在弹出的菜单中选择"创建轮廓"，拖曳鼠标往左移动，创建出一个封闭的曲线，如图 5-53 所示。

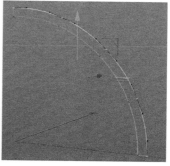

图 5-53

创建旋转，将创建出的圆弧作为子级放置于旋转的下方。将"角度"设置为180°。"顶端"和"末端"设置为圆角封顶，圆弧就会发生变化，如图 5-54 和图 5-55 所示。其他封顶属性调节和挤压一样，就不做一一讲解了。

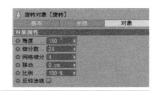

图 5-54

图 5-55

5.3.2 练习：制作啤酒瓶

介绍完对象属性，下面通过一个案例来加深对旋转的认识。首先看一下案例效果，如图 5-56 所示。

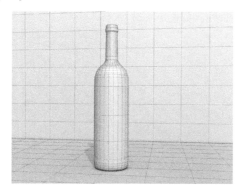

图 5-56

① 打开"素材 >5.3.2 啤酒瓶"素材文件，将参考图拖曳至正视图，快捷键是 Shift+V，激活视图窗口，选择"背景"，将"透明"设置为50%，如图 5-57 和图 5-58 所示。

图 5-57

图 5-58

② 选择"创建 > 对象 > 引导线"，将引导线放置于中心位置（因为旋转是基于中心位置旋转的），单击"钢笔工具"，绘制出瓶子的一半。将绘制的样条线设置为红色，比较显眼，如图 5-59 所示。

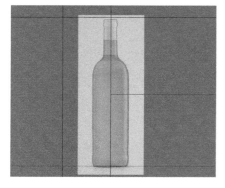

图 5-59

③ 选择"创建 > 生成器 > 旋转",将样条线作为子级放置于旋转的下方,瓶子模型完成。创建两个平面,分别作为背景和地面,如图 5-60所示。

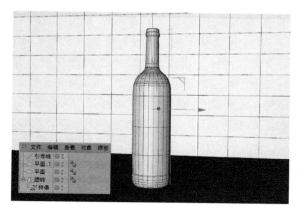

图 5-60

5.4 放样

"放样"是连接多个样条作为截面创建对象,按对象图层的上下顺序从上到下连接。例如,创建一个星形和一个圆环,将星形和圆环作为子级,同时放于放样的下方。可以看到,图形的顶面是星形,而底面是圆形,中间形状是星形到圆环的过渡,如图 5-61 所示。

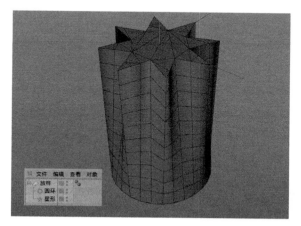

图 5-61

5.4.1 放样的对象属性

网孔细分 U:两个样条相连的纵轴数量。

网孔细分 V:两个样条相连的横轴数量。

网格细分 U:顶面截面的细分数,在顶视图中可以看到明显变化。

设置"网孔细分 U"为 20、"网孔细分 V"为 30、"网格细分 U"为 3,效果如图 5-62 所示。

图 5-62

设置"网孔细分 U"为 50、"网孔细分 V"为 80、"网格细分 U"为 50,对比变化,如图 5-63 所示。

图 5-63

5.4.2 练习:制作婴儿奶瓶

下面通过一个案例来加深对放样的认识,效果如图 5-64 所示。

图 5-64

❶ 将图片"素材
>5.4.2婴儿奶瓶"拖
曳至正视图，快捷键为
Shift+V，激活视图窗
口，选择"背景"，设
置"透明"为50%，
如图5-65和图5-66
所示。

图5-65

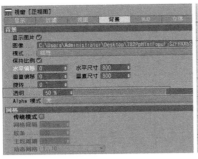

图5-66

❷ 选择"创建>样条>
圆环"，旋转90°，按
Ctrl键复制圆环，旋转到
合适的位置，可以把放样
分为3部分制作——奶
嘴、连接处和瓶身，如图
5-67所示。

图5-67

❸ 创建放样，将圆环全部选中，作为子级放置
于放样的下方。创建两个平面，分别作为背景
和地面，切换至透视图，奶瓶建模完成，如图
5-68所示。

图5-68

5.5 扫描

扫描也是生成器中用得比较多的工具之一，
代表截面沿着样条的运行路径创建对象。举个
例子，创建两个圆环，分别命名为"圆环1"和"圆
环2"。将圆环1的"半径"设置为11cm、圆
环2的"半径"设置为200cm，然后将两个圆
环放置于扫描的下方，就会显示出圆环的形状，
圆环1代表截面，圆环2则代表样条的运行路径，
如图5-69所示。

图5-69

5.5.1 扫描的对象属性

网格细分：细分的数量。

终点缩放：样条的终点大小。

结束旋转：从结束点开始旋转，开始点保
持不动。

开始生长：开始显示扫描在样条中的位置。

结束生长：结束显示扫描在样条中的位置。

读者可以调节数值观察形状变化和细节，
用曲线的方式来调节曲线的缩放和旋转。例如，
打开"细节"中的"缩放"，按住Ctrl键，在曲
线中间加一个点，然后将这个点移动到底部，可
以看到圆环的左侧缩放得很小，如图5-70所示。

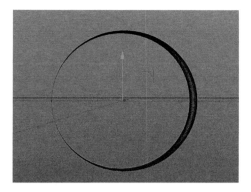

图 5-70

封顶的起点的样条为顶端，终点为末端，其他属性和挤压的封顶原理一样。

5.5.2 练习：制作蛋卷冰激凌

下面通过制作一个冰激凌案例来加深对扫描的认识，效果如图 5-71 所示。

图 5-71

❶ 选择"创建 > 样条 > 螺旋"，垂直旋转 90°，设置"起始半径"为 0cm、"终点半径"为 51cm、"结束角度"为 1190°、"高度"为 102cm，如图 5-72 所示。

图 5-72

❷ 按住 Ctrl 键，拖曳鼠标复制一个螺旋并旋转 60°，如图 5-73 所示。

图 5-73

❸ 选择"创建 > 样条 > 星形"，设置"点"为 4，将星形转换为可编辑对象，切换为"点"模式，然后选中所有的点，单击鼠标右键，在弹出的菜单中选择"倒角"，鼠标左移倒出角度，如图 5-74 和图 5-75 所示。

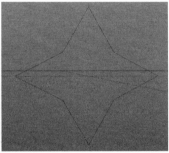

图 5-74

图 5-75

❹ 选择"创建 > 生成器 > 扫描"，将星形和螺旋作为子级，放置于扫描的下方，如图 5-76 所示。

图 5-76

⑤ 创建"圆锥",设置"底部半径"为 64cm、"高度"为 214cm,如图 5-77 所示。

图 5-77

⑥ 将圆锥转换为可编辑对象,选择"多边形"模式,单击"选择 > 循环选择",快捷键是 U~L,单击鼠标右键,在弹出的菜单中选择"挤压"。在挤压出的面里,循环选择上面的面继续挤压,如图 5-78 和图 5-79 所示。

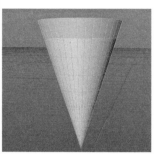

图 5-78

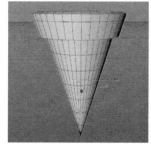

图 5-79

5.6 贝塞尔

在工作中很少使用。创建一个贝塞尔,透视图中就会出现一个平面,将"水平网点"和"垂直网点"都设置为 10,切换成"点"模式,并切换成正视图,蓝色的线代表水平和垂直网点数,如图 5-80 所示。

图 5-80

选择其中的一个点,向 z 轴方向移动一定的距离。平面上出现一个凸起的部分,"水平细分"和"垂直细分"代表平面的分段数,即平滑程度,如图 5-81 所示。

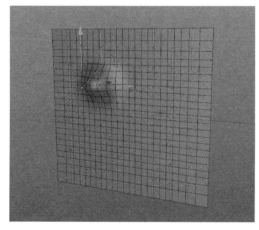

图 5-81

第 6 章
造型工具

造型工具在工作中也是非常重要的，类型包括阵列、晶格、布尔、样条布尔、连接、实例、融球、对称和 Python 生成器。造型工具组是始终作为父级使用的，按住 Alt 键并单击鼠标左键选择造型工具，就会自动添加成父级。造型工具的作用在于制作一些特殊效果的模型，也是 Cinema 4D 相当强大的功能之一。

· 阵列与晶格
· 布尔
· 样条布尔
· 连接与实例
· 融球
· 对称

造型工具位于"创建 > 造型"菜单栏,阵列和晶格位于造型工具的前两个位置,如图 6-1 所示。

图 6-1

6.1.1 阵列的介绍

阵列在工作中的用处不是很大,它的作用和克隆的放射模式相似,也是将物体以圆形轮廓排列开。创建一个球体和一个阵列,将球体作为子级放置于阵列的下方,可以看到透视图中的球体会按圆形的轮廓排列开,如图 6-2 所示。

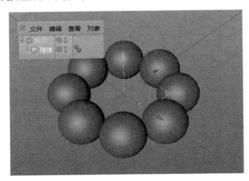

图 6-2

阵列中的"半径"代表圆形轮廓的大小,"副本"代表球体的数量,"振幅"代表球体上下摆动的随机数值,"频率"代表球体上下摆动的速度,"阵列频率"代表上下摆动的随机速度。例如,设置"半径"为 400cm、"副本"为 7、"振幅"为 44cm、"频率"和"阵列频率"都设置为 10,单击"向前播放"按钮▶,可以看到小球随机地上下移动,如图 6-3 所示。

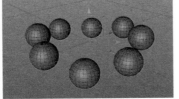

图 6-3

6.1.2 晶格的介绍

将物体的布线以圆柱形式显示,面会自动消除,而连接线的点则以球体显示。例如,创建一个立方体和一个晶格,将立方体作为子级放置于晶格的下方,可以看到立方体的边以圆柱形式显示,面自动消除,而顶点则以球体显示,如图 6-4 所示。

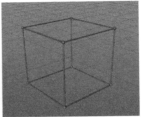

图 6-4

如果将"分段 X""分段 Y""分段 Z"均设置为 2,那么立方体的晶格显示方式会发生变化,如图 6-5 所示。

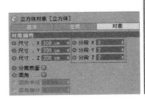
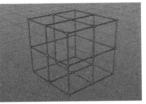

图 6-5

"圆柱半径"代表圆柱的大小,"球体半径"代表顶点球体的大小,球体半径不会小于圆柱半径,"细分数"代表圆柱的分段数,即圆柱的平滑程度。"单个元素"代表转换为可编辑对象之后,晶格后的对象都会变成单个的元素,如图 6-6 所示。因此,利用晶格可以制作很多特殊的效果。

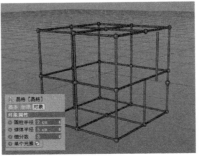

图 6-6

6.1.3 练习：利用晶格制作文字

下面通过一个案例来加深对晶格的认识。首先看一下要制作的案例效果，如图 6-7 所示。

图 6-7

❶ 选择"创建 > 样条 > 文本"，输入"力王"两个字，"字体"为微软雅黑、Bold，"高度"为 200cm。创建挤压，将文本作为子级放置于挤压的下方，将挤压的对象属性中的"移动"设置为 0cm、0cm 和 60cm，将封顶圆角中的"顶端"和"末端"的类型都改为"圆角封顶"，如图 6-8 所示。

图 6-8

❷ 将显示模式改为"光影着色（线条）"。如果这样创建晶格，将挤压作为子级放置于晶格的下方，出来的效果显然不是想要的，因为布线不正确，如图 6-9 所示。

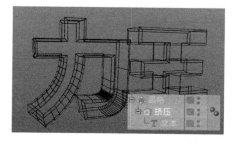

图 6-9

❸ 改变布线。改变文本的布线，将"点插值方式"改为"统一"，布线更加整齐，如图 6-10 所示。

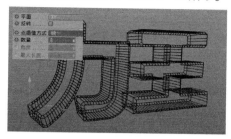

图 6-10

❹ 如果想让中间也有布线就要使用标准网格，在讲挤压的时候讲过标准网格的概念，将挤压的"类型"改为"四边形"，并勾选"标准网格"，就会出现想要的效果，如图 6-11 所示。

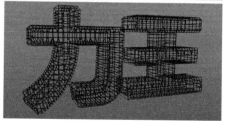

图 6-11

❺ 如果感觉晶格的边太粗，可以将"圆柱半径"和"球体半径"同时调小一些，如设置为 0.3cm，效果更加明显。然后创建两个平面，分别作为背景和地面，建模部分完成，如图 6-12 所示。

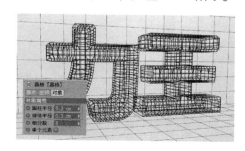

图 6-12

6.2 布尔工具

6.2.1 布尔的介绍

布尔代表物体与物体之间的一种逻辑运算方式,类型包括加、减、交集和补集,如图 6-13 所示。

图 6-13

例如,创建一个立方体和一个球体,并创建布尔,将立方体和球体作为子级放置于布尔的下方。系统默认布尔下方的第 1 个对象为 A、第 2 个对象为 B,默认的布尔类型是"A 减 B"。如果第 1 个对象是球体、第 2 个对象是立方体,就会产生如图 6-14 所示的效果。

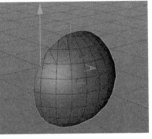

图 6-14

如果将布尔下的第 1 个对象设置为立方体、第 2 个对象设置为球体,就会产生不同的效果,如图 6-15 所示。所以,在工作中一定要搞清楚位置的概念。

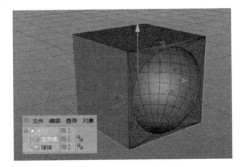

图 6-15

"A 减 B"的类型是布尔运算中最常用的一种,在工作中还可以用作物体从无到有的动画。例如,将立方体包住整个球体,设置布尔中的顺序 A 为球体、B 为立方体。如果将立方体向下移动,球体会慢慢出现,如图 6-16 所示。

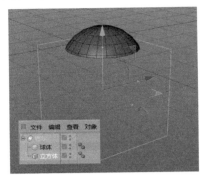

图 6-16

设置"布尔类型"为"A 加 B",表示 A 和 B 合并起来的形状,如图 6-17 所示。

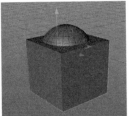

图 6-17

设置"布尔类型"为"AB 交集",代表 AB 物体的公共区域,如图 6-18 所示。

图 6-18

"AB 补集"代表 AB 公共区域外的区域,如图 6-19 所示。

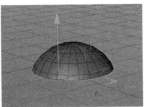

图 6-19

如果模型布线比较多，建议不要用布尔。第一，它会破坏物体的布线；第二，如果计算机的配置不是足够好，计算机会卡死。所以，在实际运用过程中要根据实际情况进行抉择。

6.2.2 练习：利用布尔制作骰子

通过一个骰子案例来加深对布尔的理解，效果如图 6-20 所示。

图 6-20

❶ 创建一个立方体，保持默认尺寸均为 200cm，勾选"圆角"选项，将"圆角半径"设置为 12cm，如图 6-21 所示。

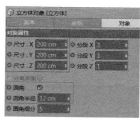

图 6-21

❷ 创建 12 个球体，将"半径"全部设置为 25cm，放到合适的位置，如图 6-22 所示。

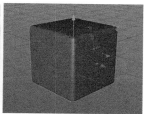

图 6-22

❸ 将 12 个球体全部选中，单击鼠标右键，在弹出的菜单中选择"连接对象 + 删除"，12 个球体就会变成一个整体，如图 6-23 所示。

图 6-23

❹ 创建布尔，默认布尔"类型"为"A 减 B"，将立方体作为子级放到布尔下方的第一个位置，将球体放置于立方体的下方，场景中骰子的形状就建模完成了，如图 6-24 所示。

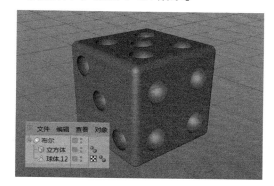

图 6-24

❺ 创建两个平面，分别作为背景和地面，放置到合适的位置，骰子场景搭建完成，如图 6-25 所示。

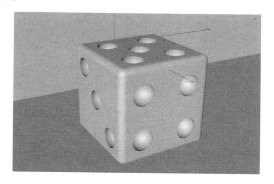

图 6-25

6.3.1 样条布尔的介绍

样条布尔是工作中经常用到的造型工具之一。它的作用虽然和第 4 章样条小节中的差集、并集、合集、或集和交集相同，但是样条布尔在处理样条差集等内容时更加强大，且可控性更高、实用性更强，因为样条布尔是作为样条的父级使用的，样条可以随时调整。

例如，创建一个圆形和星形，同时作为子级放置于样条布尔的下方，移动星形或者圆形观察样条的变化，如图 6-26 所示。

图 6-26

样条布尔的类型有 6 种，分别是合集、A 减 B、B 减 A、与、或和交集。例如，创建一个圆形和星形，将它们作为子级放置于样条布尔的下方，分别转换不同的类型，可以看到形状变化，如图 6-27 所示。

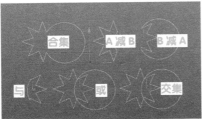

图 6-27

或集和交集，在图 6-27 中看不出变化。简单地说，或集代表两个图形是"或"的一种关系，即不是星形就是圆形；交集则是既有星形又有圆形，还有它们的公共部分。举个例子，将或集和交集都转化成可编辑对象，将样条拆分开，效果如图 6-28 所示。

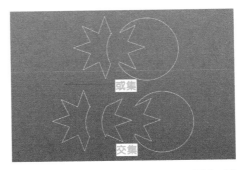

图 6-28

6.3.2 练习：利用样条布尔制作文字

下面通过一个案例来加深对样条布尔的理解，效果如图 6-29 所示。

图 6-29

❶ 选择"创建 > 样条 > 文本"，在文本内容中输入 C4D，"字体"选择"微软雅黑"和"Bold"，"对齐"方式为"中对齐"，如图 6-30 所示。

图 6-30

❷ 切换成正视图，选择"画笔"工具，绘制一条闭合的曲线，如图 6-31 所示。

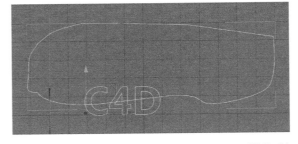

图 6-31

❸ 选择"创建 > 造型 > 样条布尔"，将文字和样条作为子级放置于样条布尔的下方，根据放置的上下位置，设置"模式"为"A 减 B"或者"B 减 A"，样条就会变成如图 6-32 所示的效果。

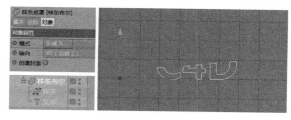

图 6-32

❹ 创建"挤压"，将样条布尔作为子级放置于挤压的下方，设置挤压的"顶端"和"末端"为圆角封顶，"半径"设置为 2cm，如图 6-33 所示。

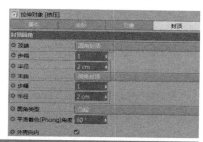

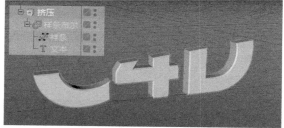

图 6-33

❺ 选择"运动图形 > 克隆"，将挤压作为子级放置于克隆的下方（关于克隆会在以后的章节中详细讲解），设置克隆对象属性中的"位置.X"为 0cm、"位置.Y"为 0cm、"位置.Z"为 22cm，就会出现如图 6-34 所示的效果。

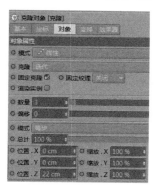

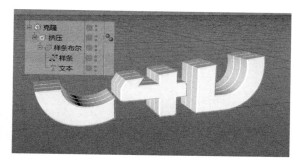

图 6-34

❻ 这时，需要为 C4D 字体做从无到有的动画，所以找到图层中用画笔绘制的样条，将 y 轴做从上到下的位移动画。在 0 帧时，设置"P.Y"为 –115cm，并添加关键帧，在到第 90 帧时，将"P.Y"设置为 142cm，并添加关键帧，如图 6-35 所示。

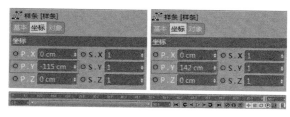

图 6-35

❼ 此时的动画是统一的效果，所以需要在克隆上加上步幅效果器，选择"运动图形 > 效果器 > 步幅"，并将步幅效果器的位置、缩放、旋转全部关闭。将"时间偏移"设为 –40F，代表克隆物体之间的延迟。将时间移动到 50 帧，就会出现如图 6-36 所示的效果。

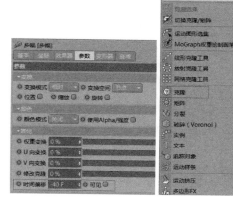

图 6-36

⑧ 创建两个平面分别作为背景和地面，放置于合适的位置，本案例的建模部分完成，如图 6-37 所示。

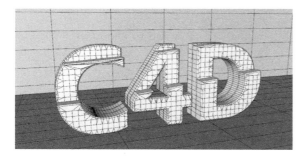

图 6-37

6.4 连接与实例

连接的作用就是将物体连接到一起，意思和打包相同，在工作中不常使用。例如，创建两个立方体，将立方体作为子级放置于连接的下方，单击"连接"，对连接进行移动时，两个立方体是同时移动的，如图 6-38 所示。

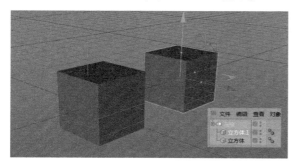

图 6-38

对象属性中的对象：创建两个立方体，一个立方体作为子级放置于连接的下方，另一个立方体拖曳至对象中，单击"连接"，移动时两个立方体也会同时进行移动，如图 6-39 所示。

勾选"焊接"选项，公差越大，离得越近。例如，将"公差"设置为 130cm，如图 6-40 所示。

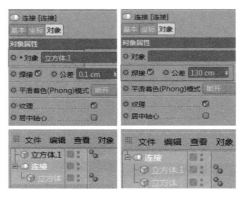

图 6-39　　　　图 6-40

平滑着色模式和纹理基本不做修改。"居中轴心"代表按照连接的轴心点居中对齐，勾选"居中轴心"选项，软件会直接选择两个物体的中心进行对齐，如图 6-41 和图 6-42 所示。

图 6-41

图 6-42

实例代表复制一个物体的动作和属性。这个实例和运动图形里面的实例作用是一样的。例如，创建一个球体和一个实例，选择"实例"，将球体拉至实例的参考对象中，就会看到出现了相同的球体，这时改变原始球体的半径，另外一个球体也同时改变，如图 6-43 所示。

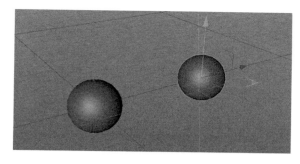

图 6-43

实例不仅可以将单个物体作为参考对象，还可以将运动图形作为参考对象。例如，创建球体和克隆，将球体作为子级放置于克隆的下方。然后创建实例，将克隆拖曳至实例的参考对象中，就会出现一样的克隆，改变克隆的数值，另外一个克隆也随之改变，如图 6-44 所示。

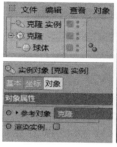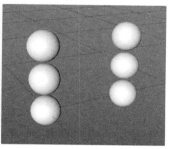

图 6-44

将克隆的"模式"改为"放射"，另一个实例对象也随之改为"放射"，如图 6-45 所示。

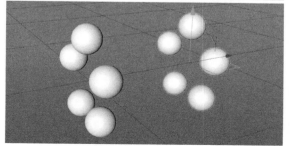

图 6-45

6.5 融球

6.5.1 融球的介绍

融球的作用是将球体融合在一起，而且在彼此分开时有相互粘连的效果。例如，创建两个球体和融球，将两个球体作为子级放置于融球的下方，就会看到融合的效果，将其中一个球体向外移动，就会产生粘连的效果，如图 6-46 所示。

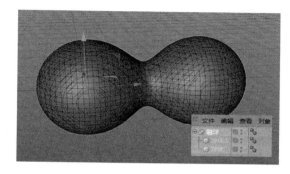

图 6-46

"外壳数值"代表融球的影响范围。外壳数值越小，影响范围越大；反之，则影响范围越小。例如，将"外壳数值"设置为 150%，两个球是没有融球效果的，但是如果将数值设置为 20%，融球效果就非常明显，如图 6-47 和图 6-48 所示。

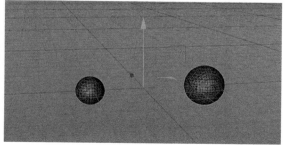

图 6-47

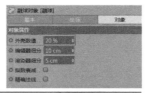

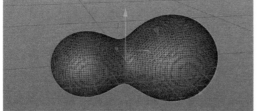

图 6-48

"编辑器细分"代表在场景视图中融球的精细程度，可以实时查看。编辑器细分越小，融球的精细度越高，反之，则越低。

渲染器细分代表在渲染完成后的融球精细程度。例如，将"编辑器细分"设置为160cm，而渲染器细分不做改变，在场景中融球效果不明显。但在渲染完成后，效果非常好，如图 6-49 所示。

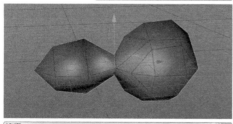

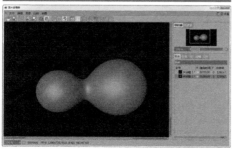

图 6-49

"指数衰减"和"精确法线"也用于提高融球的精细度，不过在实际运用中不太常用。

6.5.2 练习：制作融球

利用融球，可以做一些特殊的效果。下面通过一个案例来加强对融球的使用熟练度，如图 6-50 所示。

图 6-50

❶ 创建一个球体和克隆，将球体作为子级放置于克隆的下方，将球体"半径"设置为 18cm，设置克隆的"模式"为放射、"数量"为 80、"半径"为 160cm，如图 6-51 所示。

图 6-51

❷ 选择"运动图形 > 效果器 > 随机"，为克隆加入随机效果器，让球体的位置和大小随机显示，勾选"等比缩放"选项，设置"缩放"为 0.5，如图 6-52 所示。

图 6-52

❸ 复制一个同样的克隆，垂直旋转 90°，放到合适的位置，如图 6-53 所示。

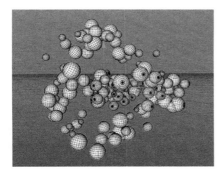

图 6-53

❹ 创建"融球"，将两个克隆作为子级放置于融球的下方，设置"外壳数值"为 440%、"编辑器细分"为 3cm、"渲染器细分"为 3cm，如图 6-54 所示。

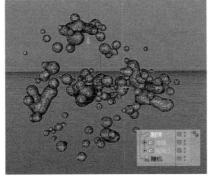

图 6-54

❺ 创建"立方体"，设置立方体的"尺寸.X""尺寸.Y""尺寸.Z"皆为 200cm，旋转到合适的角度，如图 6-55 所示。

❻ 创建"晶格"，将立方体作为子级放置于晶格下方，将"圆柱半径"和"球体半径"分别设置为 2cm 和 5cm，如图 6-56 所示。

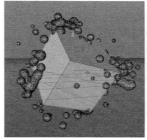 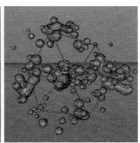

图 6-55　　　　　　　　　图 6-56

❼ 复制 3 个晶格缩放到合适的位置，将"圆柱半径"和"球体半径"都设置为 1.2cm，如图 6-57 所示。

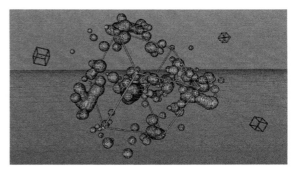

图 6-57

❽ 创建平面作为背景，建模部分完成，如图 6-58 所示。

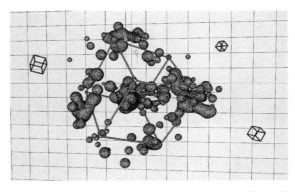

图 6-58

6.6 对称

接下来讲解对称。创建一个球体和对称，将球体作为子级放置于对称的下方，移动球体时会出现另一个对称的球体，如图 6-59 所示。

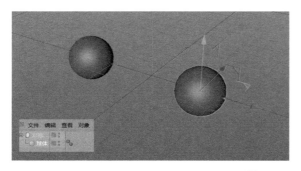

图 6-59

对称的功能不仅仅在于复制物体，更重要的是建模的运用。例如，创建一个立方体，将"分段 X""分段 Y""分段 Z"皆设置为 10，单击"转为可编辑对象"，快捷键是 C，如图 6-60 所示。

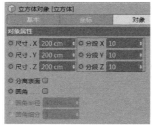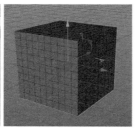

图 6-60

选择"多边形"模式，切换为正视图，选择框选工具，框选立方体的一半并将其删除，如图 6-61 所示。

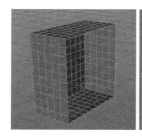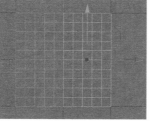

图 6-61

创建"对称"，将编辑后的立方体作为子级放置于对称的下方，如图 6-62 所示。

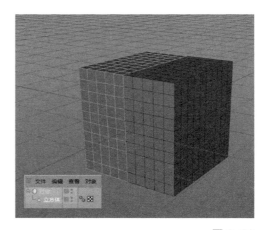

图 6-62

选择"多边形"模式，选中其中一个面，向 z 轴移动，可以看到立方体的另一半也会有同样的动作，如图 6-63 所示。这样建模只需调整立方体一半的形状，另一半就会出现同样的形状，建模会方便很多。

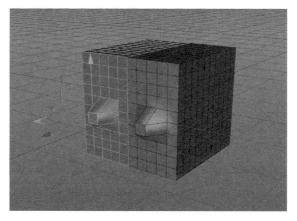

图 6-63

对称需要注意镜像平面的方向。在做对称时，首先要考虑到方向是否正确，确定以后再做对称。

Python 生成器工具在工作中用到的机会很少，它的作用是通过编代码的方式来改变图形，在本书中不做讲解。

第 7 章
变形工具

变形器在 Cinema 4D 中是非常重要的一个模块，对建模有着非常大的帮助，它的种类高达 30 种，所以功能也是非常强大的，需要读者熟练掌握重要的变形器。变形器永远都是作为子级来使用的。选择变形器时，按 Shift 键可以直接作为子级使用，在特殊情况下也会打包操作。

· 扭曲与样条约束
· 其他变形器

变形器位于"创建 > 变形器"菜单栏下，种类有 30 种，如图 7-1 所示。

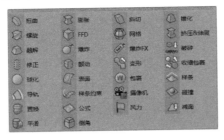

图 7-1

变形器中用得最多的是扭曲和样条约束，本节主要对这两个变形器做重点介绍。

7.1.1 扭曲

扭曲就是将物体扭曲变形。例如，创建一个立方体，保持默认大小，然后创建扭曲，将扭曲作为子级放置于立方体的下方，设置"强度"为 60°，如图 7-2 所示。

图 7-2

显然，这样的扭曲效果不是想要的，为什么会出现这种现象？因为物体的分段不够，将物体的"分段 X""分段 Y""分段 Z"均设置为 10，就会变成想要的效果，所以使用变形器的条件是物体必须要有足够的分段，如图 7-3 所示。

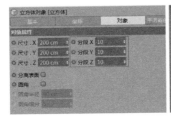

图 7-3

尺寸代表扭曲变形器的尺寸，即紫色框的大小尺寸，如果创建的变形器的尺寸过大，可以选择"匹配到父级"选项，将变形器匹配到物体上，但是扭曲的方向必须正确，否则达不到想要的扭曲效果。例如，创建一个立方体，将"分段 X""分段 Y""分段 Z"均设置为 10，创建扭曲，将扭曲作为子级放置到立方体的下方，将"强度"设置为 60°，选择"匹配到父级"，可以看到变形器会匹配到立方体上，如图 7-4 和图 7-5 所示。

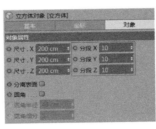

图 7-4

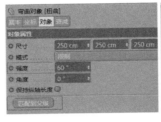

图 7-5

调整扭曲强度是向左右扭曲，如果想让立方体前后扭曲，需要选中扭曲，然后单击"旋转"工具，按住 Shift 键旋转 90°，接着调整强度就可以进行前后扭曲了，如图 7-6 所示。因此一定要记住在调整扭曲变形器时，首先需要确定扭曲的方向。

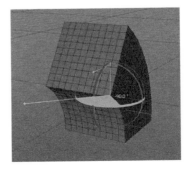

图 7-6

扭曲的模式有 3 种：限制、框内和无限，如图 7-7 所示。

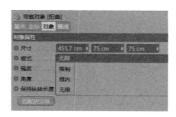

图 7-7

1. 限制

限制是指只要物体的一部分在变形器中，其他不在变形器内的模型仍然影响变形效果。例如，创建一个胶囊，设置"半径"为50cm、"高度"为1000cm，选择"创建 > 变形器 > 扭曲"，将扭曲作为子级放置于胶囊的下方，扭曲变形器的大小保持默认不变，设置"模式"为"限制"、"强度"为 60°，胶囊框里、框外的部分都会受到扭曲变形器的影响，如图 7-8 所示。

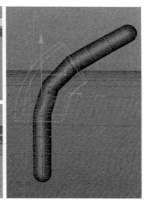

图 7-8

2. 框内

框内代表只有在扭曲变形器以内的部分受到扭曲影响，如图 7-9 所示。

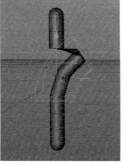

图 7-9

3. 无限

无限代表不受扭曲变形器框位置的影响，例如将扭曲变形器的位置移动一定的距离，但扭曲效果不受影响，如图 7-10 所示。

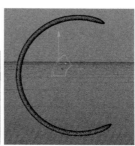

图 7-10

强度代表扭曲的程度，角度代表扭曲的旋转角度。例如，将"强度"设置为 60°、"角度"设置为 120°，如图 7-11 所示。

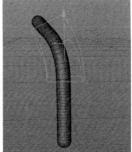

图 7-11

"保持纵轴长度"代表物体在保持原先大小的范围内进行扭曲，因为扭曲会对图形的大小进行改变，所以根据工作需要可以选择是否勾选"保持纵轴长度"开关，如图 7-12 和图 7-13 所示。

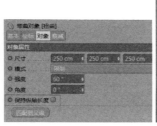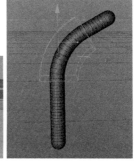

图 7-12

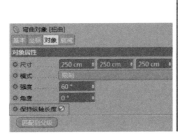

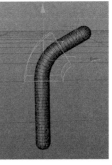

图 7-13

7.1.2 练习：利用扭曲制作数字

下面通过一个案例加深对扭曲的认识。首先看看白模图效果，如图 7-14 所示。

图 7-14

① 选择"创建 > 样条 > 文本"，在文本框中输入 8，"字体"选择"微软雅黑"和"Bold"，旋转 90° 使其平行于地面，然后创建挤压，将挤压的"移动"改为 0cm、0cm 和 1cm，"顶端"和"末端"都设置为"圆角封顶"，"步幅"和"半径"都设置为 1cm，如图 7-15 所示。

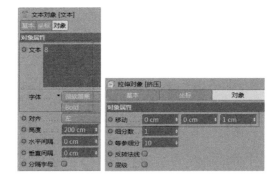

图 7-15

② 创建扭曲，将扭曲作为子级放置于样条文本的下方，调整扭曲的方向，设置尺寸为 24cm、190cm 和 130cm，"模式"为"限制"。移动扭曲编辑器到合适的位置，如图 7-16 所示。

图 7-16

③ 调整扭曲"强度"为 330°，如图 7-17 所示。

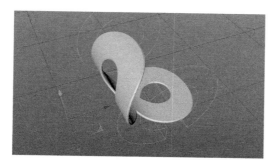

图 7-17

❹ 创建克隆，将挤压作为子级放置于克隆的下方，将克隆的尺寸都设置为 0。为扭曲强度制作展开动画，将滑块移动到 0 帧，扭曲"强度"设置为 330°，添加关键帧，然后将滑块移动到 90 帧，扭曲"强度"设置为 0°，添加关键帧，如图 7-18 和图 7-19 所示。

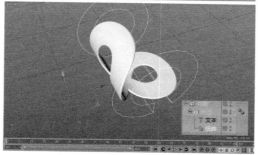

图 7-18

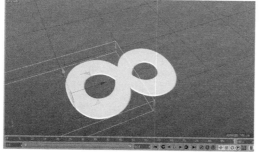

图 7-19

❺ 选择克隆，添加步幅效果器，将步幅效果器里的"位置""缩放"和"旋转"选项全部关闭，将"时间偏移"设置为 −60F，拖曳滑块，可以看到偏移变化，如图 7-20 所示。

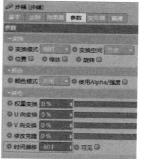

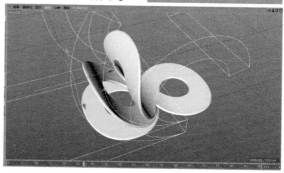

图 7-20

❻ 创建平面作为地面，建模部分完成，如图 7-21 所示。

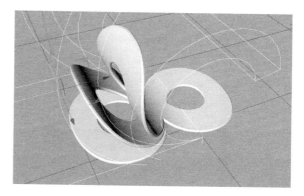

图 7-21

7.1.3 样条约束

样条约束代表将几何体对象约束到样条上。例如，创建一个立方体，将"分段 X""分段 Y""分段 Z"均设置为 10，创建样条约束，将样条约束作为子级放到立方体的下方，创建圆环，将圆环拖曳至样条约束的样条上，立方体就会约束到圆环上，如图 7-22 所示。

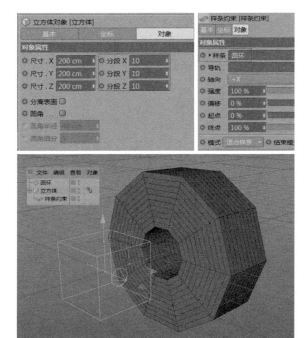

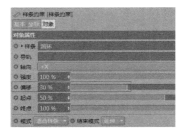

图 7-24

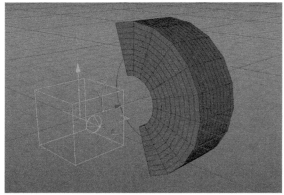

改变起点和终点的数值，立方体就会按圆环的路径方向运动。例如，将"起点"设置为50%，形状就改变了，如图 7-23 所示。

模式中的"适合样条"代表几何体以拉伸的方式约束整个样条，如图 7-25 所示。"保持长度"代表几何体会以本身的大小约束到样条上，如图 7-26 所示。

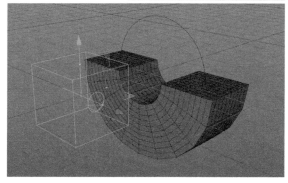

图 7-23

"偏移"代表立方体在圆环上的旋转偏移。例如，将"偏移"设置为 30%，可以看到立方体旋转了 30°，如图 7-24 所示。

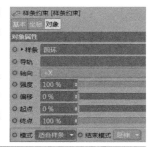

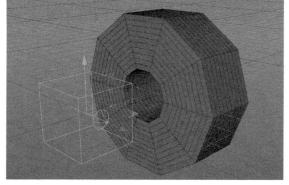

图 7-25

图 7-22

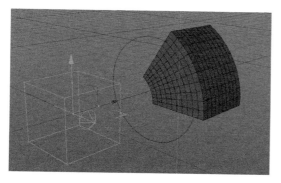

图 7-26

"尺寸"和"旋转"代表利用曲线来表达几何体的约束尺寸和约束旋转。将曲线调整成不同的形状，约束的几何体也会出现不同的变化，如图 7-27 和图 7-28 所示。

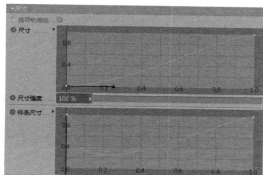

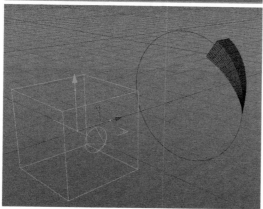

图 7-27

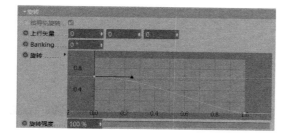

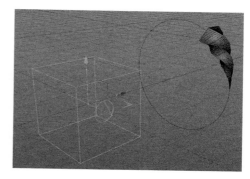

图 7-28

"边界盒"代表样条约束框的大小和位置，即紫色框的大小与位置。例如，将"边界盒尺寸"设置为 450、200 和 200，样条约束的情况也会随之发生变化，如图 7-29 所示。

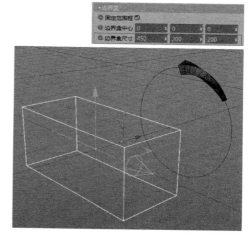

图 7-29

7.1.4 练习：利用样条约束制作英文装饰

通过案例练习加深对样条约束的理解，首先看案例效果，如图 7-30 所示。

图 7-30

① 在 Cinema 4D 正视图中用"画笔"工具绘制样条（也可以在 Adobe Illustrator 中绘制），如图 7-31 所示。

图 7-31

② 选择"创建 > 对象 > 地形"，将尺寸设置为 6.7cm、1.6cm 和 6.7cm，并勾选"球状"选项，如图 7-32 所示。

图 7-32

③ 选择"创建 > 变形器 > 样条约束"，将样条约束作为子级放置于地形的下方，将绘制的样条拖至样条约束的样条中。地形效果就会约束到绘制的样条上，如图 7-33 所示。

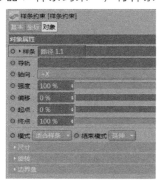

图 7-33

④ 为了看起来更加自然，再为字体加一些细节，打开"尺寸"和"旋转"，分别调整曲线，让字体效果更加自然，如图 7-34 和图 7-35 所示。

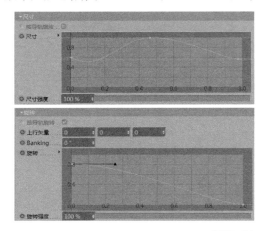

图 7-34

图 7-35

⑤ 选择"创建 > 对象 > 立方体"，设置"尺寸.X""尺寸.Y""尺寸.Z"均为 86cm，选择"创建 > 造型 > 晶格"，将立方体作为子级放置于晶格的下方，旋转角度，设置"圆柱半径"为 1cm、"球体半径"为 2cm，如图 7-36 所示。

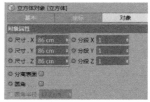

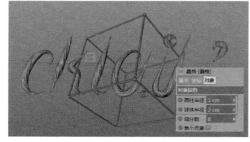

图 7-36

⑥ 创建平面作为背景,设置"宽度"为900cm、"高度"为400cm、"方向"为+Y,如图7-37所示。

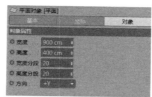

图 7-37

⑦ 创建球体作为装饰,设置球体"半径"分别为10cm和4cm,放到合适的位置,按快捷键Ctrl+D调出工程设置,将"默认对象颜色"设置为80%灰色,如图7-38所示。

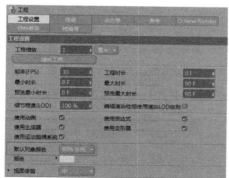

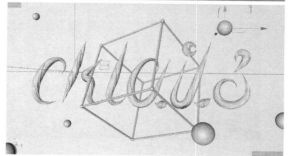

图 7-38

7.1.5 练习:利用样条约束制作链条装饰

下面来做第2个案例。这个案例主要是利用样条约束来制作锁链,效果如图7-39所示。

图 7-39

① 选择"创建 > 样条 > 文本",在文本中输入"锁链超人","字体"设置为"段宁毛笔行书",其他保持不变,然后创建挤压,将文本作为子级放置于挤压的下方,将挤压的"移动"值改为0cm、0cm、112cm,将封顶的"顶端"和"末端"类型都设置为"圆角封顶",设置"步幅"为1、"半径"为2cm,如图7-40和图7-41所示。

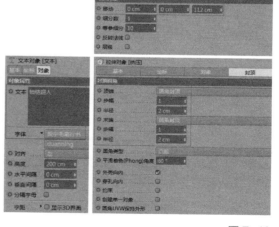

图 7-40

图 7-41

② 选择"创建 > 样条 > 矩形"，单击"转为可编辑对象"![icon]，将矩形缩放到合适的大小，选择"点模式"，按快捷键 Ctrl+A 选中所有的点，单击鼠标右键，在弹出的菜单中选择"倒角"，将倒角"半径"设置为 42.96cm，如图 7-42 所示。

图 7-42

③ 选择"创建 > 样条 > 圆环"，将"半径"设置为 2.8cm，然后创建扫描，将圆环和矩形作为子级放置到扫描的下方，圆环代表截面，矩形代表路径，如图 7-43 所示。

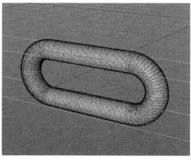

图 7-43

④ 选择"运动图形 > 克隆"，将扫描作为子级放置于克隆的下方，设置克隆的"位置 .X"为 35cm、"位置 .Y"为 0cm、"位置 .Z"为 0cm，将"旋转 P"设置为 90°、其他旋转数值设置为 0°、"数量"设置为 88，锁链的形状基本绘制好，如图 7-44 所示。

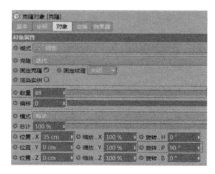

图 7-44

⑤ 选择"草绘"工具，在顶视图绘制一条样条，如图 7-45 所示。

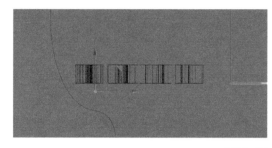

图 7-45

⑥ 选择"创建 > 变形器 > 样条约束"，将克隆锁链与样条约束打包，将绘制的样条拖曳至样条约束的样条中。第一条锁链绘制完成，如图 7-46 所示。

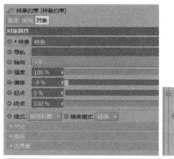

图 7-46

⑦ 使用同样的方法，将其他样条绘制完成，如图 7-47 所示。

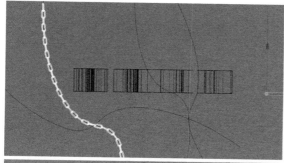

图 7-47

❽ 复制多个打包的样条约束和克隆，将不同的样条放置到不同的样条约束中，其他锁链绘制完成，如图 7-48 所示。

图 7-48

7.2 其他变形器

7.2.1 膨胀/斜切/锥化/螺旋

膨胀、斜切、锥化和螺旋变形器比较容易理解，调整参数可以改变形状和大小，如图 7-49 所示。

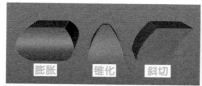

图 7-49

7.2.2 FFD

FFD 是指设置一个虚拟的网格点立方体，并将物体束缚在网格点立方体内，调整点可以修改物体的形状。FFD 也是非常常用的一个工具，需要灵活掌握。例如，创建一个球体和一个 FFD，将 FFD 作为子级放置于球体的下方，然后单击"匹配到父级"，如图 7-50 所示。

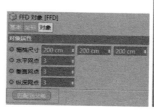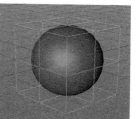

图 7-50

框选虚拟立方体最上面的 9 个点，并向 y 轴的正方向移动，可以看到球体发生了变化，类似于鸡蛋的形状，如图 7-51 所示。

图 7-51

FFD 对象属性中的"栅格尺寸"代表立方体的大小，"水平网点""垂直网点"和"纵深网点"代表网点数量。例如，将网点数都调整为 10，代表 x 轴、y 轴、z 轴上分别有 10 个网点，如图 7-52 所示。

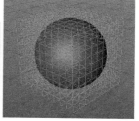

图 7-52

7.2.3 网格

网格代表将一个物体约束到另一个物体上，并以另一个物体的点来控制物体的形状变化，也可以是动画，这个工具对于入门读者来说了解即可。例如，创建一个球体和一个网格，将网格作为子级放置在球体的下方，然后创建一个立方体，单击"转为可编辑对象"，接着将立方体放置于网格对象属性的网笼中并单击"初始化"按钮，如图 7-53 所示。

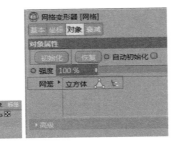

图 7-53

初始化以后，场景中的球体外框会出现一个黑色的立方体，代表球体会在立方体内被控制。使用"点"模式 ，移动立方体的点，球体会发生变化，但是会限制在立方体内，点的数值和立方体的分段是一致的，如图 7-54 所示。

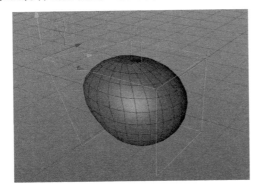

图 7-54

7.2.4 挤压 & 伸展

选择"创建 > 对象 > 胶囊"和"创建 > 变形器 > 挤压 & 伸展"，将胶囊作为父级放置在挤压 & 伸展的上方。在挤压 & 伸展的对象属性中，最重要的是"因子"选项，调整其数值为 210%，可以看到胶囊的形状发生了变化，其他数值（顶部、中部、底部、方向和膨胀等）都是对胶囊做细节调整，如图 7-55 所示。

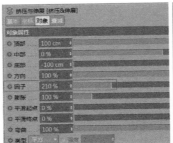

图 7-55

"类型"中的"样条"选项是通过曲线的方式对胶囊的挤压形状进行改变，如图 7-56 所示。

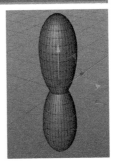

图 7-56

7.2.5 融解

融解是指对物体做融化效果。强度代表融化的强度，融解的其他对象数值（包括半径、垂直随机等）代表融化的细节调整。例如，创建一个胶囊，将融解作为子级放置在胶囊的下方，效果如图 7-57 所示。

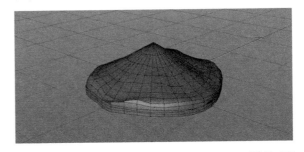

图 7-57

7.2.6 爆炸

爆炸代表将物体的面进行分离破碎。对象属性中的"强度"代表爆炸的强度，"速度"代表爆炸的速度，"角速度"代表爆炸面的旋转角度，"终点尺寸"代表爆炸面的大小，"随机特性"代表爆炸的随机程度。例如，创建一个立方体，将"分段 X""分段 Y""分段 Z"都设置为 10，将爆炸作为子级放置于立方体的下方，设置"强度"为 10%，其他数值保持默认，如图 7-58 所示。

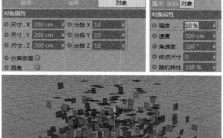

图 7-58

7.2.7 爆炸 FX

爆炸 FX 是爆炸的另一种形式，可以对爆炸进行更多细节的调整。创建爆炸 FX，可以看到有 3 种颜色的范围框，绿色代表爆炸的速度，红色代表爆炸的冲击范围，蓝色代表重力的范围。其他参数数值用于调整爆炸的参数细节，读者可以自行调整观察爆炸变化，如图 7-59 所示。

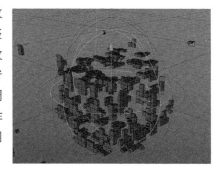

图 7-59

7.2.8 破碎

破碎和爆炸的意思是一样的，也是对物体的面进行分离破碎，效果如图 7-60 所示。在对象属性中，"速度"代表破碎的速度，"角速度"代表破碎面的旋转角度，"终点尺寸"代表破碎面的大小，"随机特性"代表破碎的随机程度。

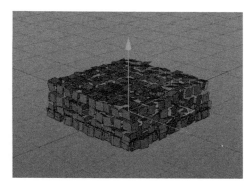

图 7-60

7.2.9 修正

修正的作用与把几何体转换成可编辑对象的效果是一样的，加上修正变形器以后，可以对物体的点、线、面进行操作。例如，创建一个平面，将宽度分段和高度分段都设置为 5，创建修正变形器，将修正作为子级放置于平面的下方，如图 7-61 所示。

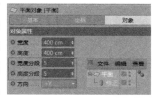

图 7-61

选择修正，切换成"点"模式，选择其中的一个点进行移动，可以看到平面发生了相应的变化，如图 7-62 所示。

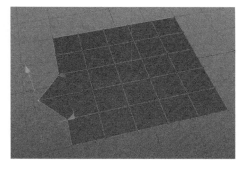

图 7-62

7.2.10 颤动

针对动画制作才使用颤动效果，颤动的作
用就是让运动的物体有抖动效果，和运动图形
里的延时效果器的作用是一样的。例如，创建
一个球体，然后为其做一个缩放动画，0 帧时
设置"半径"为 20cm，12 帧时设置"半径"为
40cm，接着创建颤动，将颤动作为子级放置到

球体的下方，将颤
动的"强度"调整
为 240%，如 图
7-63 所示。这时
播放动画，可以看
到颤动效果。

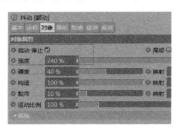

图 7-63

7.2.11 变形

变形的作用就是在点或者面相近的前提下
将一个物体转换为另一个物体，需要配合姿态
变形使用才能看到效果，工作中用得不是很多，
本书中只作为理解。例如，创建一个球体，单
击"转为可编辑对象"，选择其中的一个点，
向 z 轴拖曳，如图 7-64 所示。

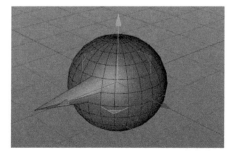

图 7-64

创建变形，将变形作为子级放置在球体下
方，选择球体，单击鼠标右键，在弹出的菜单
中选择"角色标签 > 姿态变形"选项，然后将
姿态变形拖曳至变形内容框中，如图 7-65 所示。

图 7-65

单击"姿态变形"，勾选"混合"选项下
的"点"模式，再创建一个同样大小的球体，
将球体拖曳至姿态变形的"标签"姿态内容框中，
在弹出的对话框中单击"是"按钮，如图 7-66
和图 7-67 所示。

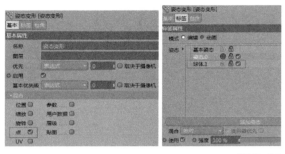

图 7-66

图 7-67

勾选"动画"选项，拖曳强度条，可以看
到球体逐渐变形，如图 7-68 所示，这就是变
形的作用。

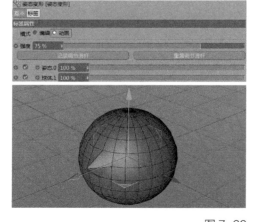

图 7-68

7.2.12 收缩包裹

收缩包裹的作用是通过改变强度来将一个物体缠绕吸附到另一个物体上，工作中用得不是很多。例如，创建一个立方体和一个球体，创建收缩包裹，将球体作为父级放置于收缩包裹的上方，将立方体拖曳至收缩包裹的目标对象属性中，改变"强度"，可以看到球体的有些面会吸附到立方体上，如图 7-69 所示。

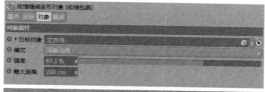

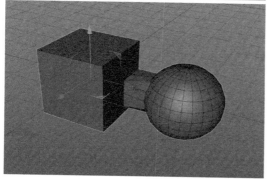

图 7-69

7.2.13 球化

球化就是将物体球体化。创建一个立方体，将"分段 X""分段 Y""分段 Z"都设置为10，然后选择"创建 > 变形器球化"，将球化作为子级放置于立方体的下方，调整球化的"强度"为 49%，可以看到立方体逐渐变成球体，如图 7-70 所示。

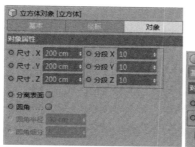

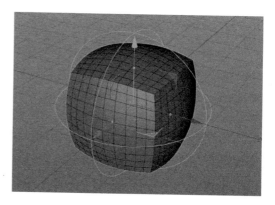

图 7-70

7.2.14 表面

表面代表将一个几何体附着在另一个物体的表面。例如，创建一个球体和表面变形器，将表面作为子级放置于球体的下方，然后创建一个立方体，将立方体拖曳至表面中，将"类型"改为"映射 UV"、U 设置为 44%、V 设置为 28%，"缩放"改为 0.1、0.1、0.1，球体就会附着在立方体的表面，如图 7-71 所示。

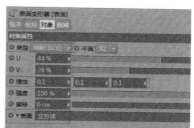

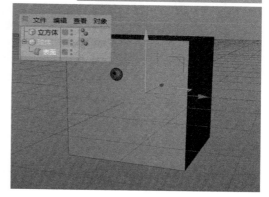

图 7-71

7.2.15 包裹

包裹是扭曲的另一种形式，作用也是将物体做扭曲处理，宽度、高度和半径用于调节包裹编辑器的大小。包裹的类型有柱状和球状两种，作用是将物体包裹在圆柱或者球体上，经度值和纬度值代表正向和逆向旋转的角度数值。移动代表在一端固定的前提下，另一端上下移动的数值。缩放和张力代表包裹物体的缩放大小和伸展程度。

例如，选择"创建 > 样条 > 星形"，将星形设置为 5 个点，选择"创建 > 生成器 > 挤压"，将星形作为子级放置于挤压的下方，将挤压的封顶布线"类型"改为"四边形"，勾选"标准网格"，作用是避免包裹使物体出现破面的现象。然后选择"创建 > 变形器 > 包裹"，将包裹作为子级放置于星形的下方，单击"匹配到父级"，如图 7-72 和图 7-73 所示。

图 7-72

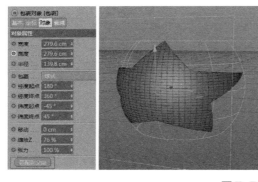

图 7-73

选择"创建 > 对象 > 球体"，将"半径"设置为 163cm，调整星形的位置，星形就会包裹在球体的前面，如图 7-74 所示。

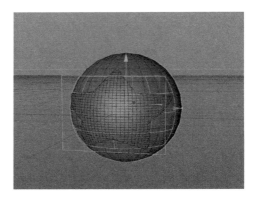

图 7-74

> 利用包裹的这个特点可以做许多效果，读者要多加理解并练习。

7.2.16 样条

样条工具在工作中用得不是很多，它的作用是利用两个样条对物体进行形状上的变化。例如，创建两个摆线，旋转 90°，然后创建一个平面，摆线与平面要保持平行，创建样条，将样条作为子级放置于平面的下方，将两个摆线分别放置于样条的原始曲线和修改曲线中，上下移动两个摆线，可以看到平面的变化。样条下的其他对象属性都是对形状做细节调整，读者可以自行调整并观察平面形状变化，如图 7-75 所示。

图 7-75

7.2.17 导轨

导轨的作用和放样的原理是一样的，不过导轨是利用两个样条，放样可以利用多个样条。此外，导轨还要有一个参考物体。例如，创建两个摆线和一个立方体，将立方体的"分段X""分段 Y""分段 Z"都设置为 10，创建导轨，将导轨作为子级放置于立方体的下方，可以看到形状的变化，如图 7-76 所示。

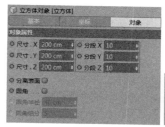

图 7-76

将两个摆线分别放置在导轨的左边 Z 曲线和右边 Z 曲线中，可以看到变化，如图 7-77 所示。

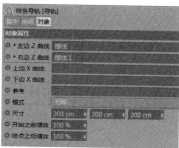

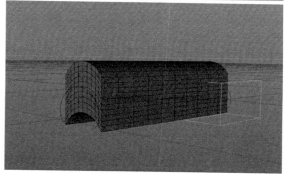

图 7-77

7.2.18 摄像机

这个变形器的摄像机需要配合 Cinema 4D 的摄像机才能使用，它的作用是利用摄像机对物体进行变形效果处理。例如，创建一个立方体和一个摄像机变形器，将摄像机变形器作为子级放置在立方体的下方，然后创建一个普通摄像机，将普通摄像机拖曳至变形器摄像机的摄像机中，如图 7-78 所示。

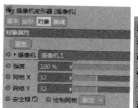

图 7-78

单击"摄像机"变形器，可以看到场景中出现了网格点，切换成"点"模式，单击"选择 > 框选"工具，框选点向左移动，可以看到立方体的形状变化，如图 7-79 所示。

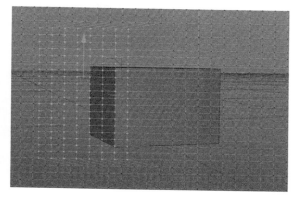

图 7-79

7.2.19 碰撞

碰撞和动力中柔体的效果是一样的，不过碰撞的参数比较简单，此处做简单演示。创建一个立方体和一个球体，将立方体的"分段 X""分段 Y""分段 Z"都设置为 10，创建碰撞，将碰撞作为子级放置于立方体的下方，将球体拖至碰撞的碰撞器中，将球体移动到立方体的顶面上，球体与立方体出现了碰撞效果，如图 7-80 和图 7-81 所示。

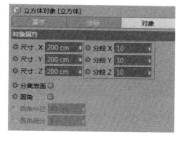

图 7-80

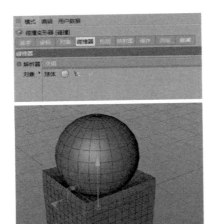

图 7-81

7.2.20 置换

置换的作用是将贴图的黑白信息体现在物体上。工作中经常用置换作为波纹效果。例如，创建一个平面和置换，将置换作为子级放置于平面的下方，设置置换"着色器"为"噪波"，可以看到平面有了波纹效果,调整噪波的黑白信息,可以对平面做出不同的变化，如图 7-82 所示。

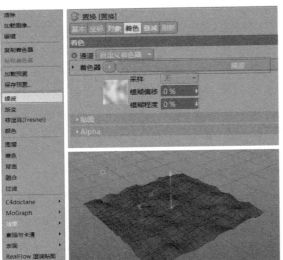

图 7-82

7.2.21 公式

公式的作用是利用公式来对几何体进行变形，工作中经常用它来制作心形等效果。例如，创建一个球体，将"半径"设置为 66cm，选择"创建 > 变形器 > 公式"，将公式作为子级放置在球体的下方，如图 7-83 所示。

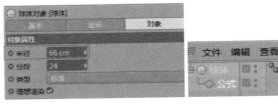

图 7-83

将公式的"尺寸"设置为 795cm、522cm、2200cm，可以看到球体变成了星形的效果，如图 7-84 所示。

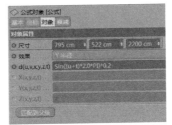

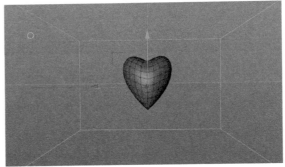

图 7-84

7.2.22 风力

风力的作用是利用风力来变形对象。例如，创建一个平面将它的"方向"设置为 +Y，选择"创建 > 变形器 > 风力"，将风力作为子级放置于平面的下方，可以看到平面有了弯曲效果，就像被风吹过一样。单击"播放"按钮，会有动画效果，如图 7-85 所示。

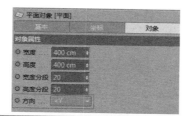

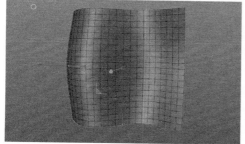

图 7-85

7.2.23 平滑

平滑就是将物体做平滑处理。例如，创建一个立方体，将立方体的"分段 X""分段 Y""分段 Z"都设置为 10，将平滑作为子级放置于立方体的下方，立方体的每个角就会自动平滑，如图 7-86 所示。

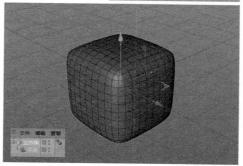

图 7-86

7.2.24 倒角

可以在不破碎几何体的前提下，对几何体的点、线、面进行倒角处理，非常方便。创建一个立方体，将倒角作为子级放置于立方体的下方，调整"偏移"为 4cm、"细分"为 2，可以对倒角的大小和圆滑程度进行调整，如图 7-87 所示。

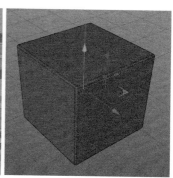

图 7-87

调整不同的构成模式，可以对立方体的点、线、面进行倒角处理，如图 7-88 和图 7-89 所示。

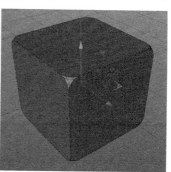

图 7-88

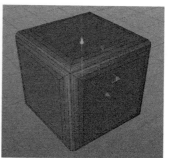

图 7-89

　　减面的作用是将物体的面减少，在工作中经常用此变形器制作低面体效果。举个例子，创建地形，将"尺寸"设置为 600cm、300cm 和 600cm，将"显示模式"改为"光影着色（线条）"，可以看到地形的面非常多，删除地形的平滑标签，然后创建减面，将减面变形器作为子级放置于地形的下方，如图 7-90 所示。

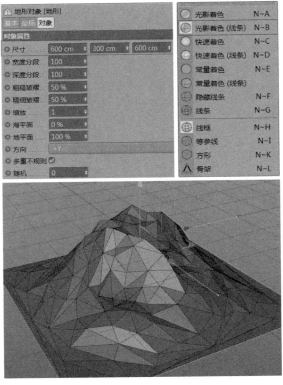

图 7-90

第 8 章
多边形建模及样条的编辑

本章节内容在建模过程中使用的频率非常高, 所以也是本书中的重点内容, 需要读者多加练习。

- · 点模式下的命令使用
- · 线模式下的命令使用
- · 面模式下的命令使用
- · 练习: 房子建模
- · 编辑样条点模式下的命令使用
- · 练习: 制作字母 T

多边形建模需要建立在物体"转为可编辑对象"的前提下才能激活。创建一个立方体，按快捷键 C，将立方体"转为可编辑对象"，选择"点"模式，可以看到弹出的菜单，如图 8-1 所示。这些命令在本节中会做详细讲解。

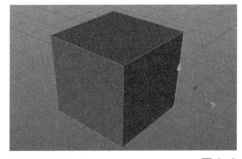

图 8-1

首先，切换成"点"模式。下面对"点"模式下的命令进行介绍。

撤销：返回上一步操作，快捷键是 Shift+Z 或 Ctrl+Z。

框显选取元素：代表将选取元素移动到场景中心。创建一个立方体，选择其中一个点，如图 8-2 所示。

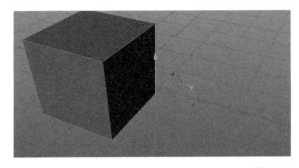

图 8-2

单击鼠标右键，在弹出的菜单中选择"框显选取元素"，点移动到场景的中心位置，如图 8-3 所示。

图 8-3

创建点：在几何体的边或者面上可以创建点，要出现选取状态时才可以进行创建。

单击"创建点"，将鼠标移动至边上时，边的颜色会变成白色，如图 8-4 所示。单击鼠标左键就可以在边上创建出一个点，单击"移动"工具 ✥，选择创建出的点进行移动，可以看到立方体的变化，如图 8-5 所示。

图 8-4

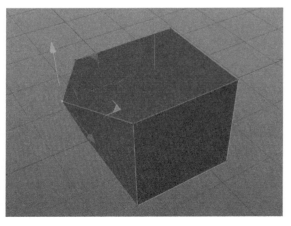

图 8-5

在面上创建点时，会自动生成 4 个面，移动点和面可以改变立方体形状，如图 8-6 所示。

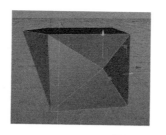

图 8-6

桥接：作用是修补破面。例如，切换成面模式，删除立方体的其中一个面，如图 8-7 所示。

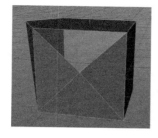

图 8-7

单击"桥接"，单击破面的一个点，按住鼠标左键不放，对它进行拉动，破面就缝合好了，如图 8-8 所示。

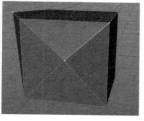

图 8-8

笔刷：用笔刷的方式对点进行移动。拉动其中一个点，对立方体的点进行移动。默认的"模式"是"涂抹"，也是最常用的一种模式，一般不做改变，如图 8-9 所示。

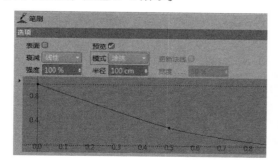

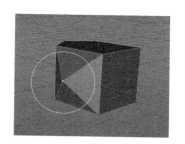

图 8-9

封闭多边形孔洞：用于封闭破面。操作相比桥接简单，直接单击鼠标左键即可，在破面比较少时，封闭多边形孔洞是很好的选择。当出现白色选框时，单击"破面"，就可以封闭破面，如图 8-10 和图 8-11 所示。

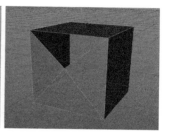

图 8-10

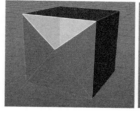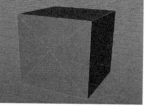

图 8-11

连接点 / 边：在点模式下，是将点与点之间连接一条边。例如，创建立方体，单击"转为可编辑对象"后单击鼠标右键，在弹出的菜单中选择"创建点"，在对称的两条边上创建两个点，如图 8-12 所示。

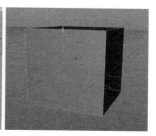

图 8-12

选择两个点，单击鼠标右键，在弹出的菜单中选择"连接点 / 边"，就可以看到点与点之间连成了一条线，如图 8-13 所示。

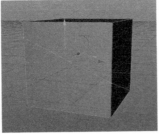

图 8-13

消除：根据点模式或者边模式来消除点或者边，如图 8-14 所示。

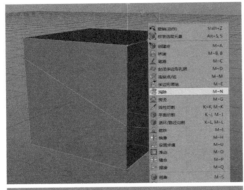

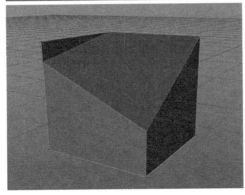

图 8-14

熨烫：将选中的点做角度和位置的移动。将"角度"设置为 180°、"百分比"设置为 -100%，可以看到点的变化，如图 8-15 所示。工作中不常使用，仅作为了解。

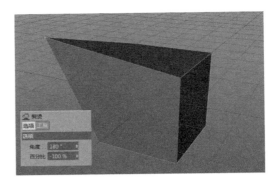

图 8-15

"多边形画笔"和"线性切割"：其实这两个工具的作用是一样的，都是切割边和面。多边形画笔也可以自由绘制面，但是这个用途在工作中用得不是很多，使用最多的还是在物体上绘制。

如果切割边和面，两者的区别是"多边形画笔"仅限于可见的边或者面，而"线性切割"不仅限于可见的部分。例如，创建两个立方体，一个立方体运用"多边形画笔"来切割一个面，而另一个立方体运用"线性切割"来切割一个面，同时要把线性切割的"仅可见"选项关闭，如图 8-16 和图 8-17 所示。

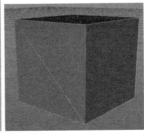

图 8-16

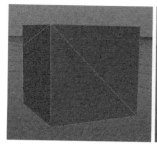

图 8-17

平面切割：可以对物体进行更精确的切割，可以对切割的边进行位置移动和旋转，并且可以切割不要的部分。例如，创建一个立方体，将它转换为可编辑对象，切换为"点"模式，单击鼠标右键，在弹出的菜单中选择"平面切割"，在正面切割一条边，如图 8-18 所示。

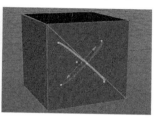

图 8-18

先设置"平面位置"为 28cm、78cm、21cm，再设置"平面旋转"为 92°、−13° 和 43°，可以看到切割的边会滑动到其他位置，如图 8-19 所示。

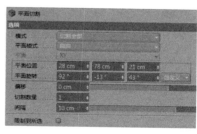

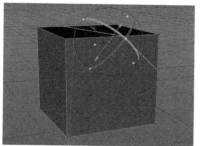

图 8-19

循环 / 路径切割：快捷键是 K~L，需要牢记。此工具是重点，它的作用是循环切割边。增加物体的分段，激活"循环切割"，在几何体的上方会出现深灰色的图标，操作方法是将鼠标移至物体上，出现白色的线框，选定位置，就可以单击鼠标左键循环切割一条边，如图 8-20 所示。

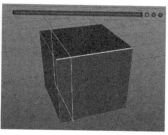

图 8-20

深灰色图标的第一个选项代表居中切割的边，如图 8-21 所示。

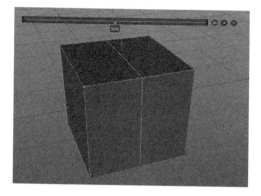

图 8-21

"+"和"−"代表平均增加循环的边和平均减少循环的边，如图 8-22 所示。

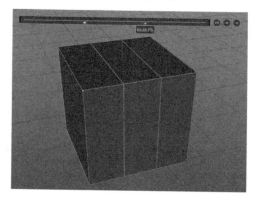

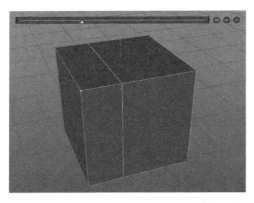

图 8-22

磁铁：以画笔的形式对点进行移动。这个工具经常配合编辑工具栏中的捕捉工具一起使用。例如，创建一个立方体，单击"转为可编辑对象"，切换成"点"模式，选中其中的一个点后单击鼠标右键，在弹出的菜单中选择"磁铁"，如图 8-23 所示。

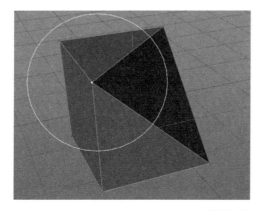

图 8-23

单击编辑菜单栏中的"启用捕捉" ，将选中的点向另一个点移动，可以直接吸附在另一个点上，如图 8-24 所示。

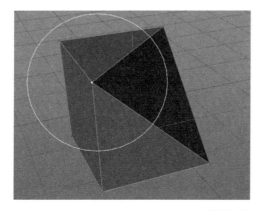

图 8-24

镜像：可以对选中的点进行镜像（对称）操作，从而创建一个点。

设置点值：通过具体数值来确认点的位置信息，在场景中创建点。

"镜像"和"设置点值"在工作中使用的机会很少，本书中不做详细讲解。

滑动：可以对创建的点或者边进行移动操作。例如，创建立方体，单击鼠标右键，在弹出的菜单中选择"创建点"，选中其中一条边，在出现白色线时创建一个点，如图 8-25 所示。

图 8-25

选中创建的点，单击鼠标右键，在弹出的菜单中选择"滑动"，就可以对创建出的点在所在的边上进行移动，滑动时会出现另外一个白色的点（代表点的最终位置），如图 8-26 所示。

图 8-26

"缝合"和"焊接"：二者的原理是一样的，都是将两个点合并成一个点。操作方式有所不同，"缝合"需要用鼠标进行滑动，当几何体上出现白色的线时从一个点滑动到另一个点；而选择"焊接"时，会出现白色的点，代表焊接的合并点，前提条件是都需要同时选中两个点或者多个点，如图 8-27 所示。

图 8-27

倒角：作用是将点、线、面创建出更多的点、线、面，使其更加平滑。读者可以多加操作，理解倒角的含义。例如，创建立方体，单击"转为可编辑对象"，选择其中的一个点，单击鼠标右键，在弹出的菜单中选择"倒角"，如图 8-28 所示。

图 8-28

按住鼠标左键向右拖曳，可以看到选中的点变成了 3 个点，调节"细分"为 4，可以使点更加平滑，如图 8-29 和图 8-30 所示。此外，线和面的倒角也是同样的原理。

挤压：作用是将点、线、面以一定的角度复制并进行连接。点与点是用线连接，线与线是用面连接，面与面之间也是用面连接。举个例子，创建立方体，单击"转为可编辑对象"，切换为"点"模式，选中一个点，单击鼠标右键，在弹出的菜单中选择"挤压"，如图 8-31 所示。

图 8-31

按住鼠标左键向右拖曳，复制出一个点并且这个点有一条线连接，如图 8-32 所示。

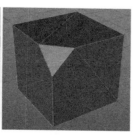

图 8-29

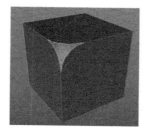

图 8-30

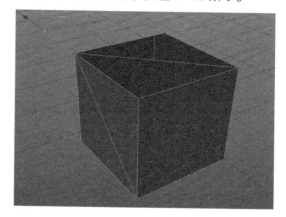

图 8-32

如果选择"边"模式，单击"挤压"会复制出另一条边，并且中间以面的形式连接，这就是挤压的含义，如图 8-33 所示。

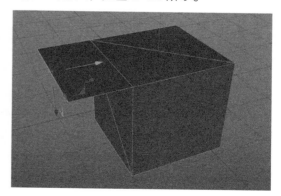

图 8-33

阵列：作用是将选中的点以阵列的方式复制多个点，在工作中用得不是很多，只作为了解，有些特殊效果可能会用到。例如，创建立方体，单击"转为可编辑对象"，切换为"点"模式，选中其中一个点，单击鼠标右键，在弹出的菜单中选择"阵列"，如图 8-34 所示。

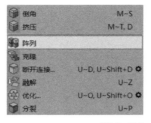

图 8-34

将阵列的"偏移"均设置为100cm。单击"应用"按钮复制多个点，如图 8-35 所示。

图 8-35

克隆：将选中的点进行复制。例如，选中立方体的一个点，单击鼠标右键，选择"克隆"，设置对象属性面板中的"克隆"为 3、"偏移"为 40cm，单击"应用"按钮，复制出 3 个点，如图 8-36 所示。

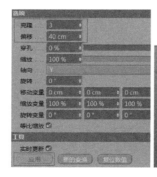

图 8-36

断开连接：作用是断开连接的点或者面。例如，创建立方体，单击"转为可编辑对象"，切换成"多边形"模式，选中一个面，选择"断开连接"，将选中的面向 y 轴正方向移动，面就会分离开，如图 8-37 所示。

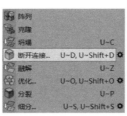
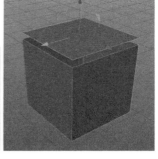

图 8-37

融解：作用和消除的原理一样，也是消除点或者边。与消除的区别是在消除边时，融解只会消除边，但是消除是连点一起消除。例如，创建立方体，单击"转为可编辑对象"后，按快捷键 K~L 循环切割，切换成"边"模式，循环选择切割出的边，如图 8-38 所示。

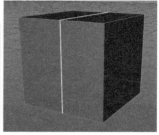

图 8-38

单击鼠标右键，在弹出的菜单中分别选择"消除"和"融解"，可以看到融解的边缘的点都还在，而消除的边缘的点已全部消除，如图 8-39 所示。

图 8-39

优化：工作中经常会用到，快捷键是 U~O，也需要牢记。它的作用是将重复的点连接在一起，并将没用的点删除。例如，创建一个圆柱体，单击"转为可编辑对象"，选择其中一个点，将它向 y 轴的正方向移动，这个点会和下面的点分开，如图 8-40 所示。

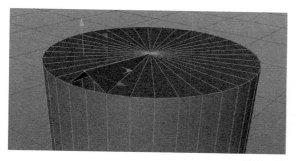

图 8-40

因此，返回上一步，选中一个点，按快捷键 Ctrl+A 选中所有的点，单击鼠标右键，在弹出的菜单中选择"优化"，在拉动其中一个点时，它们就合并到一起了，如图 8-41 和图 8-42 所示。

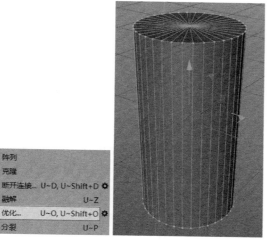

图 8-41

图 8-43

点非常多，会大量占用电脑的内存，场景再大一些就更卡，所以要删除多余的点。单击鼠标右键，在弹出的菜单中选择"优化"，多余的点就全部删除了，如图 8-44 所示。

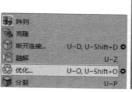

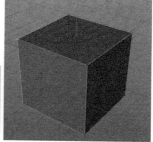

图 8-44

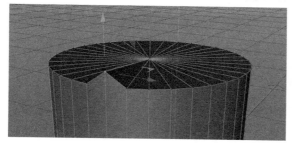

图 8-42

优化的另一个作用是去掉多余的点。例如，创建立方体，转换为可编辑对象，选择"点"模式，选中其中的一个点，单击鼠标右键，在弹出的菜单中选择"阵列"，单击"应用"按钮，然后多出许多个点，如图 8-43 所示。

分裂：作用和断开连接的原理一样，即将物体的点或者面分裂开，不过分裂是将点或者面进行单独分裂，而且不会破坏原始图形。例如，选中立方体的一个面，单击鼠标右键，在弹出的菜单中选择"分裂"，可以看到对象面板中有两个图层，其中一个图层就是分裂出来的一个面，另一个是原始图形，如图 8-45 所示。点也是同样的道理，读者可以自行操作，加深理解。

113

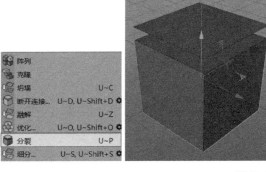

图 8-45

点模式下的所有命令就介绍到此。

图 8-47

8.2 线模式下的命令使用

切换成线模式，大部分命令都是重复的，它的原理和点基本是一样的，只是将点的概念换成了边。下面只介绍不同于点模式下的命令。

切割边：作用是将选中的边平均分成多段边，如图 8-46 所示。

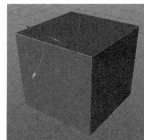

图 8-46

旋转边：顾名思义，旋转选中的边，如图 8-47 所示。用处不大，理解即可。

8.3 面模式下的命令使用

切换成面模式即可。下面也是只介绍新增的命令。

内部挤压：是很重要且常用的命令之一；快捷键是 I，需要牢记；作用是将选中的面以收缩或者扩展的方式创建一个面，经常配合挤压来使用。例如，创建立方体，单击"转为可编辑对象"，选择"多边形"模式，选中其中一个面，单击鼠标右键，在弹出的菜单中选择"内部挤压"，按住鼠标左键向左拖曳，选中的面就会收缩角度并出现另一个面，如图 8-48 所示。

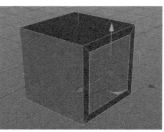

图 8-48

选择"挤压"，向左拖曳鼠标，面就会向 z 轴的反方向移动，立方体就会变成新的形状，如图 8-49 所示。

114

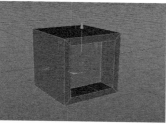

图 8-49

内部挤压中还有一个特别重要的概念就是保持群组。例如，创建一个立方体，将"分段X""分段Y""分段Z"均设置为4，单击"转为可编辑对象"，选择面，如图8-50所示。

图 8-50

单击鼠标右键，在弹出的内部挤压中分别将"保持群组"激活与关闭，并进行内部挤压。激活"保持群组"的面还是一起进行内部挤压；而关闭"保持群组"后进行内部挤压时，将会根据分段的面进行单个操作，如图8-51和图8-52所示。

图 8-51

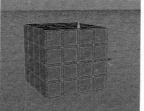

图 8-52

矩阵挤压：内部挤压的一种特殊类型，也是收缩创建一个新面，并以特定的角度旋转，进行挤压，如图8-53所示。

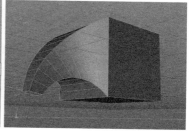

图 8-53

偏移：几何体的面在法线方向移动并复制出新的面。例如，创建立方体，单击"转为可编辑对象"，选中所有的面，单击鼠标右键，在弹出的菜单中选择"偏移"，按住鼠标左键向右拖曳，立方体中被选中的面会向面的法线方向移动，并创建新的面，如图8-54和图8-55所示。

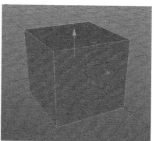

图 8-54

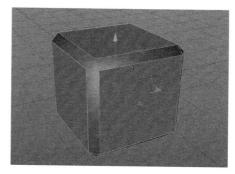

图 8-55

沿法线移动/缩放/旋转、对齐法线和反转法线：法线就是始终垂直于平面的虚拟线。沿法线方向，即沿垂直于平面的线方向。弄清法线的概念，关于法线的命令就比较好理解了。

坍塌：作用是消除选中的面，不常使用，作为了解，如图 8-56 所示。

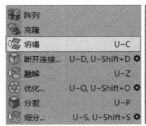 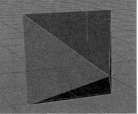

图 8-56

细分：将选中的面进行分段，即增加多个面，可以对面进行多次细分，如图 8-57 所示。

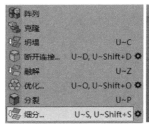 

图 8-57

三角化和反三角化：三角化是将正方形的面转换成两个三角形，而反三角化则是消除，如图 8-58 所示。

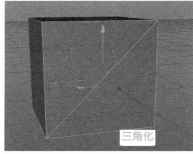

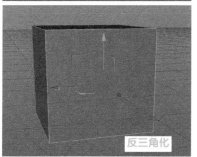

图 8-58

8.4 练习: 房子建模

先看一下案例效果，此案例主要是对点、线、面的知识点进行巩固复习，如图 8-59 所示。

图 8-59

❶ 选择"创建 > 样条 > 立方体"，单击"转为可编辑对象"，缩放至合适的大小，如图 8-60 所示。

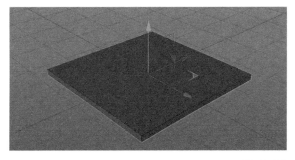

图 8-60

❷ 切换至"多边形"模式，先选择最上面的面，单击鼠标右键，在弹出的菜单中选择"内部挤压"，按住鼠标左键向左拖曳，收缩一定的角度；然后单击鼠标右键，在弹出的菜单中选择"挤压"，挤压出一定的厚度，如图 8-61 所示。

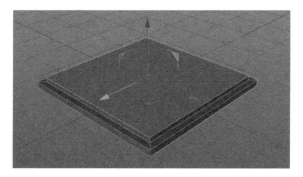

图 8-61

❸ 切换至"边"模式，按快捷键 U~L 循环选择，选中边，如图 8-62 所示。

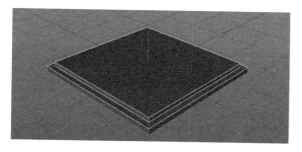

图 8-62

❹ 单击鼠标右键，在弹出的菜单中选择"倒角"，设置"偏移"为 2.5cm、"细分"为 1，如图 8-63 所示。

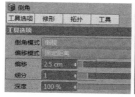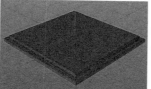

图 8-63

❺ 选择"创建 > 样条 > 立方体"，设置"尺寸 .X"为 288cm、"尺寸 .Y"为 266cm、"尺寸 .Z"为 288cm，将"分段 X""分段 Y""分段 Z"均设置为 8，如图 8-64 所示。

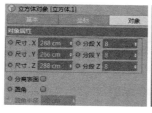

图 8-64

❻ 将立方体转为可编辑对象，切换为"多边形"模式，按快捷键 U~L 循环选择面，单击鼠标右键，在弹出的菜单中选择"挤压"，如图 8-65 所示。

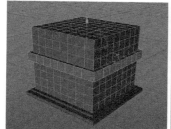

图 8-65

❼ 单击鼠标右键，在弹出的菜单中选择"内部挤压"，取消勾选"保持群组"。按住鼠标左键并向左拖曳，收缩一定的角度后再选择"挤压"，如图 8-66 和图 8-67 所示。

图 8-66

图 8-67

❽ 选择其他的面，并对它进行挤压，制作房子的门和窗户，如图 8-68 所示。

图 8-68

❾ 选中门上面的两个面，单击鼠标右键，在弹出的菜单中选择"内部挤压"，按住鼠标左键向左拖曳，收缩一定的角度后再对它进行挤压，如图 8-69 所示。

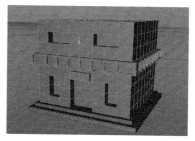

图 8-69

⑩ 切换为"边"模式，选择窗户上的 6 条边，单击鼠标右键，在弹出的菜单中选择"连接点 / 边"，如图 8-70 所示。

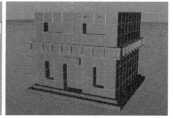

图 8-70

⑪ 选择 4 条连接的边，单击鼠标右键，在弹出的菜单中选择"滑动"，将连接的边向下移动，如图 8-71 所示。

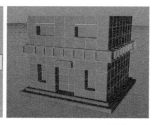

图 8-71

⑫ 切换成"多边形"模式，选择窗户上的 4 个面，并对其进行挤压，如图 8-72 所示。

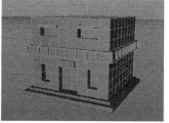

图 8-72

⑬ 创建立方体,设置"尺寸.X"为 148cm、"尺寸.Y"为 49cm、"尺寸.Z"为 78cm,放置于合适的位置,作为房子的门头。然后勾选"圆角"选项,设置"圆角半径"为 2.8cm,如图 8-73 所示。

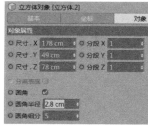
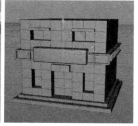

图 8-73

⑭ 选择"创建 > 样条 > 文本"，输入 CINEMA 4D，字体选择"微软雅黑"，设置"高度"为 27cm，并将样条文字作为子级进行挤压，放置于门头的前方，如图 8-74 所示。

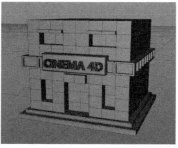

图 8-74

⑮ 选中最上面的所有面，单击鼠标右键，在弹出的菜单中选择"内部挤压"，扩展一定的角度再对面进行挤压，然后多次使用"内部挤压"与"挤压"，如图 8-75 和图 8-76 所示。

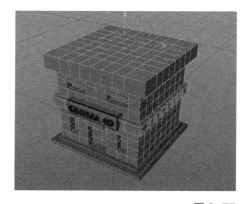

图 8-75

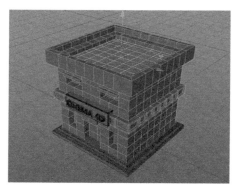

图 8-76

⑯ 选中楼顶的几个面，并进行挤压、缩放，如图 8-77 所示。

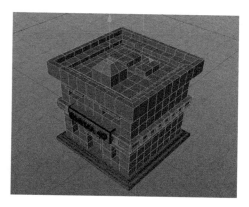

图 8-77

⑰ 创建两个平面，分别当作背景和地面，房子的建模部分完成，如图 8-78 所示。

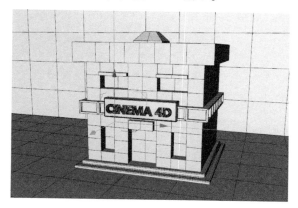

图 8-78

8.5 编辑样条点模式下的命令使用

创建样条，将样条转换为可编辑对象，切换为"点"模式时，右键菜单才会被激活，如图 8-79 所示。

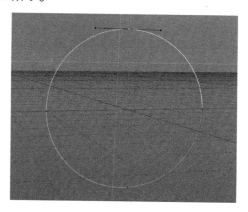

图 8-79

大部分命令在前面讲几何体的点模式时都讲过，此处就不一一讲解了。下面介绍几个不同的命令。

刚性插值：将点的连接方向以直角显示并且取消调整手柄，如图 8-80 所示。

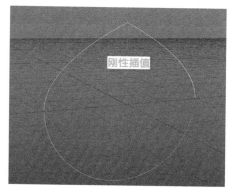

图 8-80

柔性插值：将点以一定的弧度进行连接，并有两个手柄可以进行调整，如图 8-81 所示。

119

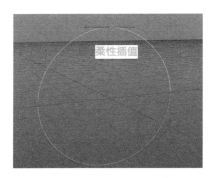

图 8-81

相等切线长度：代表调整弧形的两个手柄的长度，使其相等。例如，将其中一个手柄缩短，如图 8-82 所示。

图 8-82

单击鼠标右键，在弹出的菜单中选择"相等切线长度"，两个手柄长度就会变成相等的长度，如图 8-83 所示。

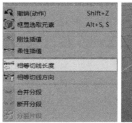

图 8-83

相等切线方向：代表两个手柄的方向始终在一条切线上。例如，将其中一个手柄改变切线方向，操作方法是按住 Shift 键，改变其中一个手柄的切线方向，如图 8-84 所示。

图 8-84

单击鼠标右键，在弹出的菜单中选择"相等切线方向"，两个手柄就回到了同一切线上，如图 8-85 所示。

图 8-85

合并分段：将两段样条合并成一个样条，操作方法是同时选择不同样条的两个点。例如，绘制两段样条，分别选中两段样条的其中一个点，如图 8-86 所示。

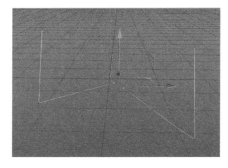

图 8-86

单击鼠标右键，在弹出的菜单中选择"合并分段"，两个样条就合并成了一个样条，如图 8-87 所示。

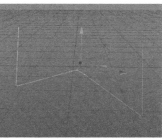

图 8-87

断开分段：将一个样条断开成多个样条。选择"创建 > 样条 > 摆线"，单击"转为可编辑对象"，选中其中的一个点，单击鼠标右键，在菜单中选择"断开分段"，圆环就变成了一个不闭合的样条线，如图 8-88 所示。

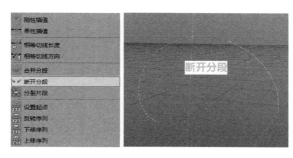

图 8-88

分裂片段：将不封闭的样条分裂成多个样条。选择"点"模式，单击鼠标右键，在弹出的菜单中选择"分裂片段"，在图层面板中会出现 3 段样条，如图 8-89 所示。

图 8-89

设置起点、反转序列、下移序列和上移序列：这些命令都是关于样条方向的。仔细观察样条，可以看到样条的线是从深蓝色到白色的过渡，说明样条是有方向性的，不同的运转方向决定样条的开口方向。例如，创建一个样条圆环，单击"转为可编辑对象"，取消勾选"闭合样条"，可以看到默认圆环的开口方向，如图 8-90 所示。

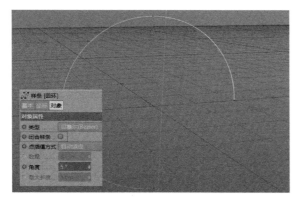

图 8-90

选择另外一个点，单击鼠标右键，在弹出的菜单中选择"设置起点"，取消勾选"闭合样条"，可以看到开口方向发生了变化，如图 8-91 所示，这个概念在工作中经常使用，所以要熟练掌握此概念。

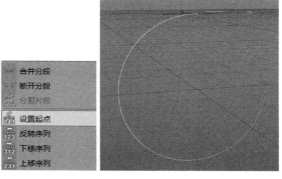

图 8-91

样条的方向也代表了制作动画时的生长方向，起点在哪里代表动画的生长点就在哪里。例如，创建两个样条圆环，设置一个圆环的半径为 10cm，选中另一个圆环，单击"转为可编辑对象"，选择"创建 > 生成器 > 扫描"，将半径为 10cm 的圆环作为截面放在扫描的下方，另一个圆环作为路径放置到圆环的下方，设置"开始生长"为 20%，如图 8-92 所示。

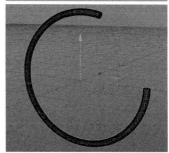

图 8-92

如果选择转换成编辑对象的圆环，将最上面的点设置为起点，设置"开始生长"为 20%，生长方向就会发生变化，如图 8-93 所示。

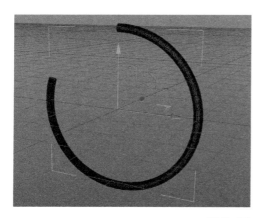

图 8-93

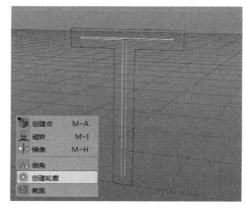

图 8-95

8.6 练习: 制作字母T

样条的方向还有另外一个重点运用, 就是制作如图 8-94 所示的文字效果。

图 8-94

❶ "创建轮廓"的作用是将样条的形状放大或者缩小, 而不改变原始样条的形状。选择"创建 > 样条 > 文本", 输入字母T, 选择"微软雅黑"字体, 将样条文本转换为可编辑对象, 然后复制一个相同的样条, 切换为"点"模式, 选中其中的一个点, 接着按快捷键 Ctrl+A 全选所有的点。单击鼠标右键, 在弹出的菜单中选择"创建轮廓", 按住鼠标左键并向左拖曳, 创建出一个 T 字形轮廓, 按 Delete 键, 将 T 的外轮廓删除, 如图 8-95 所示。

❷ 将内轮廓的 T 向 z 轴方向移动一些, 这样直接放样会出现错误, 如图 8-96 所示。形成这种错误的原因是内轮廓和外轮廓的序列方向不一致, 所以要用到"设置起点""反转序列""下移序列"和"上移序列" 4 个命令。关闭"放样", 切换为"点"模式, 可以看到两个样条的过渡颜色是不统一的, 如图 8-97 所示。

图 8-96   图 8-97

❸ 利用"上移序列"将内外两个轮廓的方向统一, 如图 8-98 所示。

图 8-98

❹ 调整正确后,打开放样,就会出现想要的效果,如图 8-99 所示。

图 8-99

截面:在两个样条线同时选中的前提下才能使用,作用是可以在两个样条的接触区域随意绘制样条。例如,创建两个样条圆环,将两个样条交叉,全部转换为可编辑对象,同时选中两个样条,选择"点"模式,单击鼠标右键,在弹出的菜单中选择"截面"。按住 Shift 键可以对样条进行平行和垂直绘制,此时可以看到在公共区域创建了一个样条,如图 8-100~图 8-102 所示。

图 8-100

图 8-101

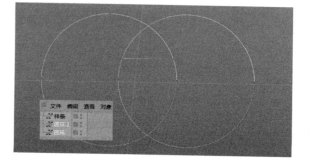

图 8-102

选中 3 个样条,单击鼠标右键,在弹出的菜单中选择"连接对象 + 删除",使其成为一个整体的样条;然后选择"创建 > 样条 > 圆环",设置"半径"为 7cm,并选择"创建 > 生成器 > 扫描";将圆环作为截面放置于扫描的下方,而样条作为路径放到圆环的下方,做出新的模型,如图 8-103 和图 8-104 所示。

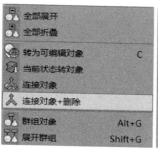

图 8-103

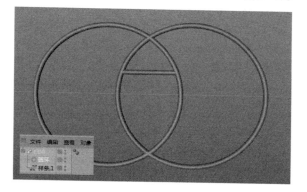

图 8-104

提取样条:可以将几何体上的边提取出来,成为单独的样条。例如,创建立方体,转换为可编辑对象,切换为"边"模式,选择任意 3 条边;然后选择"网格 > 命令 > 提取样条",就可以将选中的三边条提取成单独的一个样条,如图 8-105 和图 8-106 所示。

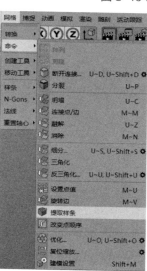

123

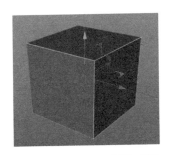

图 8-105

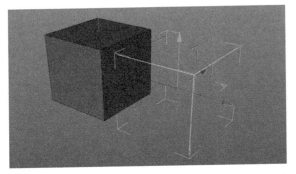

图 8-106

排齐： 将两点或更多点之间的线以直线水平的方式连接起来。以圆环为例，创建圆环，如图 8-107 所示。然后将圆环转换为可编辑对象，选中相邻的两个点，单击鼠标右键，在弹出的菜单中选择"排齐"，两个点之间的弧线就会变成直线，如图 8-108 所示。

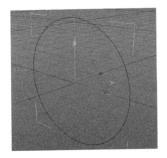

图 8-107

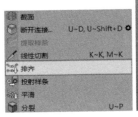

图 8-108

投射样条： 将样条的形状投射到几何体上，并按几何体的形状进行分布。以球体为例，创建球体和星形，将星形转为可编辑对象，切换为"正视图"，将星形放在球体的正前方且小于球体，如图 8-109 所示。

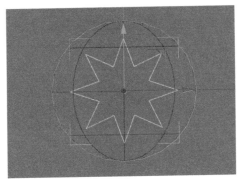

图 8-109

选择星形，单击鼠标右键，在弹出的菜单中选择"投射样条"；单击"应用"按钮，星形以球体的形状附着在球体的前方，如图 8-110所示。

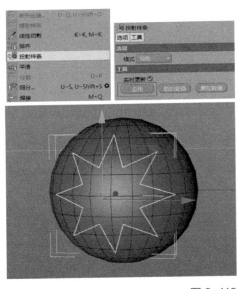

图 8-110

第 9 章
雕刻模块

雕刻（Sculpting）在 Cinema 4D 中也是比较强大的一个模块，作用是为模型增加细节，让模型更加生动。Cinema 4D 中的雕刻广泛运用于电商广告、平面海报（如食品广告）等。当然，高精的模型还是需要在专业雕刻软件 ZBrush 中完成。本章的目的是让读者学会雕刻的基本使用方法，并在工作中简单运用。做雕刻的前提是几何体必须为可编辑对象。

· 雕刻的流程及基本工具
· 练习：制作甜甜圈

雕刻的基本流程是创建模型→展 UV（在之后的章节会做详细讲解）→雕刻（制作及烘焙贴图）→关节绑定→制作动画→灯光、渲染输出等。Cinema 4D 雕刻作品展示如图 9-1 所示。

图 9-1

"雕刻"位于菜单栏的"渲染"选项右侧，也可以通过软件右上角的界面布局选择 Sculpt，这是雕刻的专用界面，如图 9-2 所示。

图 9-2

雕刻界面分为渲染窗口、雕刻工具面板、图层面板和雕刻工具属性面板 4 个部分，如图 9-3 所示。

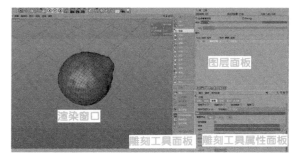

图 9-3

以球体为例，创建球体，转换为可编辑对象，将显示模式改为"光影着色（线条）"，切换为雕刻专用界面，如图 9-4 所示。

图 9-4

细分：增加几何体的面数，作用是增加几何体的平滑度。细分程度（级别）越高，雕刻的细节越明显。细分左侧的信息框代表面数和级别。"多边形数量"代表面数，图 9-5 中的数据显示有 70656 个面。

减少：减少几何体的面数，减少细分程度。

增加：增加几何体的面数。增加和减少是配合细分来使用的。

图 9-5

雕刻绘制工具有拉起、抓取、平滑、蜡雕、切刀、挤捏、压平、膨胀、放大和铲平。这几个工具的作用和它们的名字一样，较好理解。其中，"拉起"代表推拉表面，"抓取"代表拉伸表面。操作方法是按住鼠标滑轮，左右移动鼠标，可以放大或者缩小画笔，按住左键在几何体上绘制即可看到图形的变化，如图 9-6 所示。

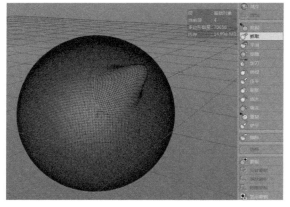

图 9-6

在这些雕刻绘制工具中，有两个知识点比较重要：一个是图章，另一个是拓印。

图章：作用是将图形直接绘制到几何体上。例如，选择"窗口 > 内容浏览器 > 预置 >Sculpting>Sculpt Brush Presets>Deco Wood>decowood _03"，然后按住鼠标左键在几何体上向右移动，绘制出预设的形状，如图 9-7~ 图 9-9 所示。

图 9-7

图 9-8

图 9-9

拓印：作用是将黑白贴图绘制到几何体上。例如，先在 Photoshop 中绘制一个文字的黑白贴图，如图 9-10 所示。

图 9-10

单击"拓印"，将制作好的 C4D 黑白贴图拖至图像中，如图 9-11 所示。

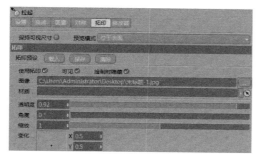

图 9-11

场景中出现了 C4D 的图案，但是比较大，需要调整。先将视图切换成左视图，按住 T 键和鼠标左键并拖曳代表图片移动的位置，按住鼠标滑轮代表图片旋转，按住鼠标右键代表图片的缩放，据此方法将图片移动缩放至合适的大小，如图 9-12 所示。

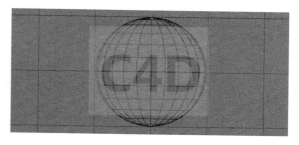

图 9-12

在正视图中进行涂抹绘制，可以将黑白贴图以凹凸的形式体现在球体上，如图 9-13 所示。这两个工具在雕刻中非常重要，工作中经常使用，需要读者认真掌握。

图 9-13

擦除：在不破坏几何体的前提下，可以擦除绘制出的雕刻图形。按住鼠标左键向左右拖曳鼠标，就可以对几何体进行擦除，如图 9-14 所示。

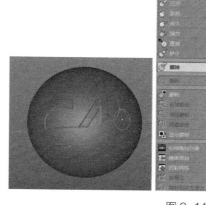

图 9-14

选择：作用是使用镜像选择点和多边形，只有在几何体切换为点模式或者多边形模式时

127

才会被激活。例如，将球体切换为"多边形"模式，勾选"对称"属性下方的"Y（XZ）"，选择球体的其中一个面，另外一个对称的面也会被选中，如图 9-15 所示。

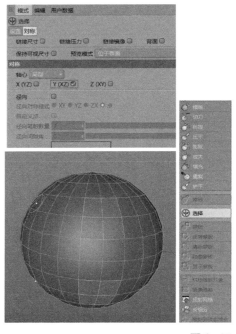

图 9-15

蒙版区域有蒙版、反转蒙版、清除蒙版、隐藏蒙版和显示蒙版。首先要理解蒙版的概念，蒙版代表被保护的区域，即不会受雕刻绘制工具影响。选择蒙版进行绘制时，会看到黑色的区域（代表不会被影响的区域），如图 9-16 所示。

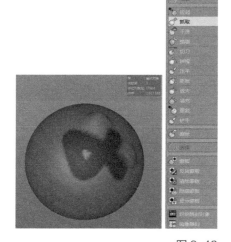

图 9-16

理解了蒙版的概念，关于蒙版区域的其他工具就非常好理解了。例如，反转蒙版是将蒙版反转，如图 9-17 所示。清除、隐藏和显示蒙版就不做解释了。

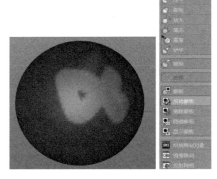

图 9-17

烘焙雕刻对象：作用是将雕刻好的对象输出成贴图并记录凹凸信息，然后将记录有凹凸信息的材质附到新的几何体上，既可以减少雕刻因为面数多而对物体造成的影响，也可以很大程度地减少工程的占用内存率。例如，将球体雕刻出一定的形状，单击"烘焙雕刻对象"，弹出属性面板，如图 9-18 所示。

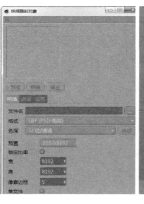
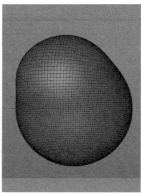

图 9-18

烘焙属性中的"文件名"代表贴图储存的位置。"格式"代表贴图的格式类型，"预置"代表贴图的输出大小。这 3 个选项是烘焙的主要命令。选项属性中的"置换""法线"和"环境吸收"代表输出贴图的通道。"来源对象"代表场景中的雕刻对象。"目标对象"代表输出后的雕刻对象，一般在工作中保持默认即可。

将文件保存到指定的位置，设置"格式"为 JPEG，并将"预置"设为 1024×1024；勾选"置换"选项，表示只输出凹凸信息，如图 9-19所示。

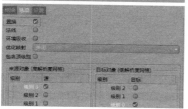

图 9-19

单击"烘焙"按钮，输出贴图。输出后出现了另一个未雕刻的球体，如图 9-20 所示。

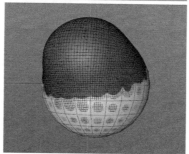

图 9-20

将界面切换至启动界面，会在材质面板自动创建一个材质球。这个材质球的贴图就是输出的通道贴图。同时，也会在图层面板中出现一个带有材质的球体，如图 9-21 所示。

图 9-21

隐藏雕刻的球体，只留下带有材质的球体，在没渲染之前它只是普通的球体，但在渲染之后就会变成被雕刻的球体，如图 9-22 和图 9-23所示。

图 9-22　　　　　　　　　图 9-23

镜像雕刻：顾名思义，就是将雕刻的花纹进行对称处理。例如，创建花纹图章，在球体上绘制一个花纹，如图 9-24 和图 9-25 所示。

图 9-24

图 9-25

单击"镜像雕刻"，在弹出的镜像雕刻属性中选择"-Y"选项，单击"镜像对象"按钮，就会沿 y 轴对称出一个花纹，如图 9-26 所示。

图 9-26

投射网格：将一个物体的网格形状投射到另一个物体上。例如，创建一个平面，单击"转为可编辑对象"，选择"窗口 > 内容浏览器 >Sculpting>Base Meshes>Elephant Base"，将大象模型全部选中，单击"连接对象 + 删除"，如图 9-27 所示。

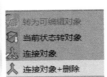

图 9-27

单击"投射网格"，在弹出的属性对话框中将大象放置到"源"框中，然后将平面放置于"目标"框中，并单击"投射"按钮，如图 9-28所示。

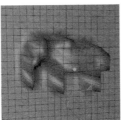

图 9-28

"反细分"代表为对象提取较低细分，并将其置换为可雕刻对象。"雕刻到姿态混合"代表使用雕刻层作为姿态混合，以创建新的多边形对象。这两个工具在工作中用得不多，本书不做详细讲解。

下面通过一个案例来加深一下对雕刻的理解。先看一下案例白模效果，如图 9-29 所示。

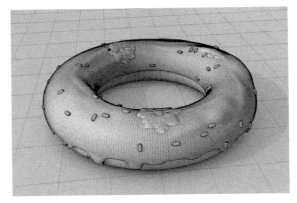

图 9-29

❶ 创建圆环，设置"圆环半径"为 200cm、"圆环分段"为 75、"导管半径"为 50cm、"导管分段"为 35cm，并将显示模式改为"光影着色（线条）"，如图 9-30 所示。

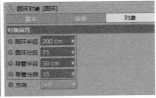

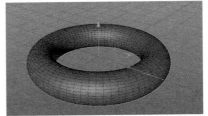

图 9-30

❷ 将圆环转换为可编辑对象并切换至"多边形"模式，选择正视图，选择"框选"工具，框选圆环的上半部分，如图 9-31 所示。

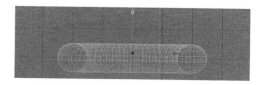

图 9-31

❸ 单击鼠标右键，在弹出的菜单中选择"分裂"，就会将选中的面分裂成新的图形；全选新分裂图形的所有面，单击鼠标右键，在弹出的菜单中选择"挤压"；按住左键向右拖曳，新分裂的面会挤压出一定的厚度，如图 9-32 所示。

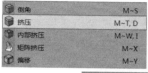

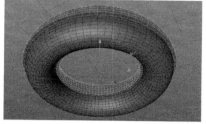

图 9-32

❹ 选择挤压出的面，并对面进行挤压，如图 9-33 所示。

图 9-33

❺ 对其他不同的面分别进行挤压，并对挤压出的面进行缩放，如图 9-34 所示。

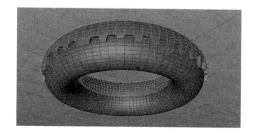

图 9-34

❻ 创建细分曲面，将分裂出的面作为子级放置于细分曲面的下方，如图 9-35 所示。

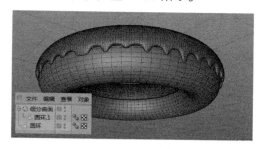

图 9-35

❼ 将细分曲面及子级全部选中，单击鼠标右键，在弹出的菜单中选择"连接对象 + 删除"，细分后的面成为一个整体，如图 9-36 所示。

图 9-36

❽ 切换界面为雕刻专用界面，并对细分后的面进行拉起等操作，目的是让甜甜圈看起来更加自然，如图 9-37 所示，读者可以自行绘制。

图 9-37

⑨ 增加一些细分，加一些图章图案，也可以加入一些文字，如图 9-38 所示，读者可以自行添加喜欢的图。

图 9-38

⑩ 为甜甜圈增加一些胶囊，作为表面的糖果，创建胶囊，设置"半径"为 3cm、"高度"为 20cm；创建克隆，将胶囊作为子级放置于克隆的下方；将克隆的模式切换为"对象"，并将雕刻后的图形放置于对象中，设置"分布"模式为"表面"、"数量"为 55，如图 9-39 所示。

图 9-39

⑪ 创建平面作为地面，将"宽度"和"高度"均设置为 2472cm，按快捷键 Ctrl+D 调出工程设置面板，并将"默认对象颜色"设置为"80% 灰色"，如图 9-40 所示。

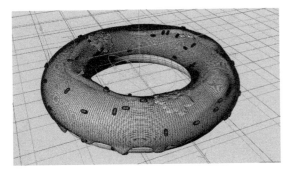

图 9-40

⑫ 打开渲染设置，单击鼠标右键，在弹出的菜单中勾选"全局光照""环境吸收"和"线描渲染器"（这 3 个选项会在渲染灯光模块中做详细讲解）选项，将线描渲染器的"颜色""光照""轮廓"和"边缘"全部勾选；添加"物理天空"，渲染活动视图，渲染完成，如图 9-41 和图 9-42 所示。

图 9-41

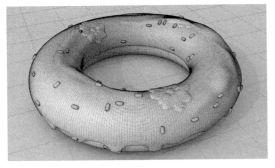

图 9-42

第 10 章
灯光模块

Cinema 4D 的四大重要版块有建模、灯光、材质和渲染。灯光是 Cinema 4D 中非常重要而且必不可少的模块，可以照亮整个场景，并让场景显得更加自然、真实，本章重点介绍灯光的类型及使用。

- 灯光类型
- 灯光的常用参数
- 3 种布光方法
- 反光板
- HDR 环境光
- 灯光预设

10.1 灯光类型

灯光的图标是一个灯泡，位于摄像机的后方，类型包含灯光、聚光灯、目标聚光灯、区域光、IES灯、远光灯和日光，如图10-1所示。

图10-1

除了上述这几种类型外，还有四方聚光灯、平行光、圆形平行聚光灯和四方平行聚光灯，位于灯光属性的类型选项中，如图10-2所示。

图10-2

灯光：灯光向四周发散。例如，创建一个灯光，将灯光属性中的"可见灯光"设置为"可见"，单击窗口渲染，灯光就会向四周发散，如图10-3所示。

图10-3

聚光灯：灯光向一个方向并在一定的范围内发散。例如，创建聚光灯，选择"可见灯光"为"可见"，单击"渲染"，灯光就会沿一个点发射，模拟车灯效果，如图10-4所示。

图10-4

目标聚光灯：它的作用和聚光灯一样，不同的是，目标聚光灯在聚光灯后加了目标标签，代表聚光灯始终指向目标对象。例如，创建目标聚光灯，会出现一个聚光灯和一个空对象，移动空对象的位置，灯光的指向也随之移动，如图10-5所示。

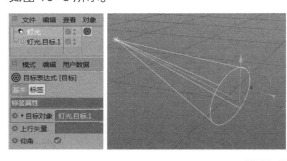

图10-5

区域光：工作中用得最多的灯光类型，作用是通过一个面向四周发散灯光（这个面的大小可以随意控制），可控性比较强，经常当作柔光灯箱使用。例如，创建一个立方体，将立方体转换为可编辑对象，将前面的一个面删除，创建区域光，将"强度"调整为150%进行窗口渲染，如图10-6所示。

图 10-6

将 "类型" 改变为 "泛光灯"，其他保持不变再进行渲染，可以看到少了很多细节，如图 10-7 所示。

图 10-7

IES 灯：此类型在家装中用得比较多，作用是利用预置的灯光贴图来制作可见灯光效果，是有指向性的。如果直接在灯光中选择 IES 灯，就会出现打开路径，既可以在网络上下载一些 IES 灯使用，也可以使用软件内置的 IES 灯。打开方法是需要创建一个灯光，将类型切换为 IES 灯光，找到光度选项，如图 10-8 所示。

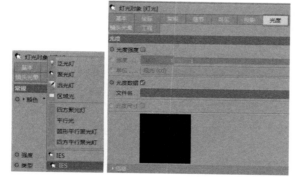

图 10-8

打开 "内容浏览器"，单击 "放大镜" 搜索按钮，输入 IES，就会搜索出许多 IES 灯光，随便选择一种，拖至 "光度数据" 文件名的对话框中，如图 10-9 所示。

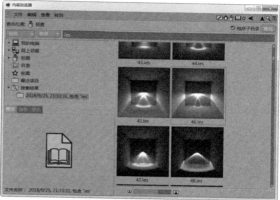

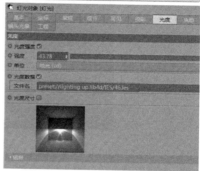

图 10-9

创建平面，垂直旋转 90°，将灯光放置于平面的前方，IES 灯光就会显示预置的灯光，如图 10-10 所示。

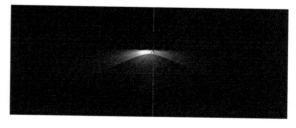

图 10-10

远光灯：经常用来模拟太阳光，无限大，可以在场景的任何位置进行灯光的调节。远光灯的阴影比其他灯光的阴影更加明显，也可以用来摸拟窗户照进来的光。例如，创建平面，设置 "宽度" 为 1100cm、"高度" 为 1300cm，垂直旋转 90°；创建立方体，设置 "宽度"和"高度"为 106cm，放置于平面上方；创建远光灯，调整灯光位置，在视图选项中将"投影"打开，渲染视图窗口，如图 10-11 所示。

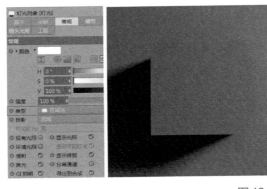

图 10-11

如果将远光灯改为区域光，其他设置不变，再对它进行渲染，阴影就不是太明显了，如图 10-12 所示。

图 10-12

日光：即远光灯加了日光标签，太阳的表达式，可以调整时间来测定灯光的位置和颜色等，它的功能和远光灯一样，如图 10-13 所示。

图 10-13

四方聚光灯：和聚光灯的功能一样，它的光照范围形状是四方的，将类型切换为四方聚光灯，设置"可见灯光"为"可见"，效果如图 10-14 所示。

图 10-14

平行光：有指向性，而且它是由面发散的，指向的区域是被照亮的，而没有指向的区域是漆黑一片的，如图 10-15 所示。

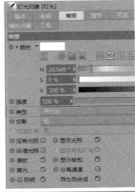

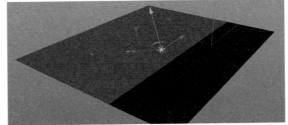

图 10-15

圆形平行聚光灯：有指向性，和聚光灯的功能一样，不同的是，聚光灯是以一个点发射，而圆形平行聚光灯是以圆形发射，改变圆半径的大小可以改变灯光的大小，如图 10-16 所示。

图 10-16

四方平行聚光灯：有指向性，以正方形向外发射平行光，改变方形的大小可以改变灯光的大小，如图 10-17 所示。

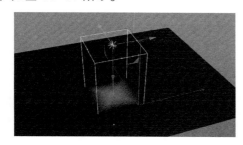

图 10-17

不同的场景需要不同的灯光类型作为辅助才能打出更好的灯光，需要读者多加理解并掌握。

10.2 灯光的常用参数

创建灯光，右侧对象属性会弹出灯光参数，如图 10-18 所示。

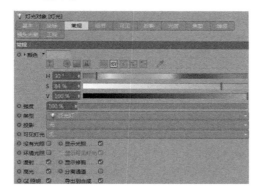

图 10-18

在灯光参数中，最重要的是"常规"中的所有参数，其他的参数是对常规中的参数做细节调整。例如，常规中将"投影"设置为"区域"，在其后的投影选项中可以对投影的参数进行细节调整，如图 10-19 所示。

图 10-19

颜色：作用是调节灯光的颜色，Cinema 4D 设置了很多种调节灯光颜色的模式，如色轮、光谱、从图像中取色、RGB、HSY、K（色温）、颜色混合、色块和吸管。可以根据不同的情况选择不同的模式进行调色，如图 10-20 所示。

图 10-20

Cinema 4D 默认的调色模式是 HSY，即色相、饱和度和对比度，这种调节方法有利于选取想要的颜色。也是很常用的一种调节模式，但是对于灯光调色，建议还是用 K（色温）来进行，很容易区分冷色和暖色，在场景布光时非常有用。吸管工具也经常用到，可以利用吸管来吸图案颜色，其他调色模式作为了解，如图 10-21 所示。

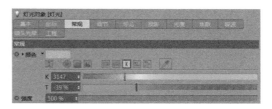

图 10-21

强度即灯光的亮度，虽然滑块只到100%，但是没有上限。例如，将强度设置为200%，如图10-22所示。

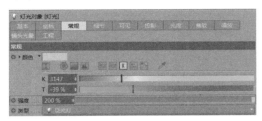

图10-22

投影: 有阴影贴图(软阴影)、光线跟踪(强烈)和区域3种投影类型，如图10-23所示。

图10-23

在3种类型中，"光线跟踪（强烈）"是渲染速度最快的，但是细节不太明显，渲染出的阴影太强烈，不太自然。例如，创建立方体和平面，将立方体放置于平面上，创建灯光，将"投影"改为"光线跟踪（强烈）"，效果如图10-24所示。

图10-24

区域阴影是最为真实、最接近自然阴影的，但是渲染速度是最慢的，如果需要精细且自然逼真的图，建议使用区域阴影，如图10-25所示。

图10-25

软阴影是居于两者中间的一种阴影，效果及渲染速度都是次于区域而优于光线跟踪的，在不同的场景中可以有选择性地使用，如图10-26所示。

图10-26

可见: 有无、可见、正向测定体积和反向测定体积4种，如图10-27所示。

图10-27

正向测定体积是灯光照射在物体上产生的辉光效果，灯光在场景中可见。例如，创建一个球体，大小保持默认，然后创建灯光，将灯光调整到合适的位置，选择"可见灯光"为"正向测定体积"，单击"渲染"按钮，效果如图10-28所示。

图 10-28

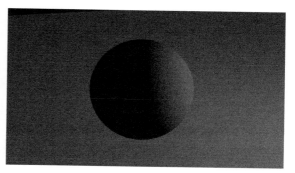

图 10-31

反向测定体积指场景中的灯光消失，但是辉光效果不会改变，如图 10-29 所示。

图 10-29

可见灯光下的选项中，比较重要的是漫射、高光、GI 照明（全局光照）和分离通道，如图 10-30 所示。

图 10-30

图 10-32

"漫射"代表球体本身的颜色；"高光"代表物体的高光区域；"GI 照明"即全局光，只有在打开全局光照（关于全局光照会在下章介绍渲染的时候重点讲解）的前提下才会起作用；"分离通道"可以把物体的漫射通道、高光通道和投影通道单独分离出来，后期在 After Effects 中做单独调整，非常重要；如图 10-31～ 图 10-33 所示。

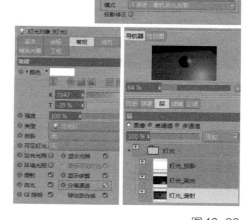

图 10-33

细节：选项中需要了解衰减的含义——随着灯光与物体间距离的逐渐增加，灯光的影响效果越来越小。"衰减"的类型有平方倒数、线性、步幅和倒数立方限制，如图 10-34 所示。最常用的是平方倒数和线性，也是最自然的衰减。平方倒数接近现实中的灯光，越接近中心点越亮。线性只能照射到物体范围内。

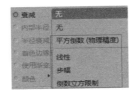

图 10-34

"半径衰减"代表灯光的照射范围。"仅限纵深方向"只显示 z 轴箭头指向的那一半灯光，另外一半灯光不显示。"使用渐变"指灯光作用于模型上的颜色（不是光源的颜色），以物体中心向外沿渐变，左侧为中线点，右侧为边缘，无衰减时无效，如图 10-35 和图 10-36 所示。

图 10-35

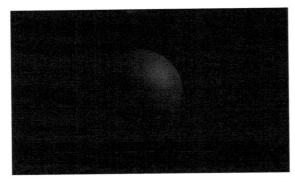

图 10-36

可见选项只有在打开可见灯光的基础上才能使用。一般正常情况下具体参数不做调整，投影中重要的选项是"密度"，密度越小，投影的效果越模糊。例如，将"密度"设置为30%，如图 10-37 所示。

图 10-37

光度：在原有灯光强度的基础上增加亮度。"焦散"就是投影表面出现光子分散。焦散需要 3 个前提：必须是玻璃材质的物体；进行渲染设置需要把焦散打开；必须有灯光且要打开投影。只有满足这 3 个条件才会产生焦散效果。例如，创建宝石，添加玻璃材质；打开"渲染设置"窗口，先选择"焦散"，再选择"表面焦散"，进行渲染，如图 10-38~ 图 10-40 所示。投影会有白色光点，这就是焦散的效果，如图 10-41 所示。

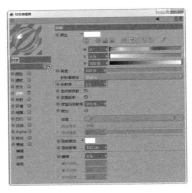

图 10-38   图 10-39

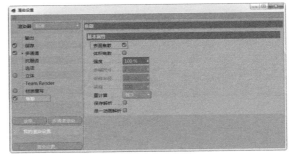

图 10-40

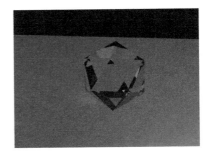

图 10-41

噪波：在灯光表面遮罩一层纹理效果。做一些特殊效果时会用到，一般工作中用得较少，如图 10-42 所示。

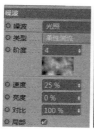
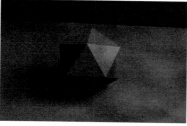

图 10-42

镜头光晕：可以改变灯光的样式，有许多预设，读者可以选择自己喜欢的样式，加深对镜头光晕的理解，如图 10-43 所示。

图 10-43

关于灯光的重要参数就介绍到这里。其他参数，工作中用得不是很多，可以根据自己的需要多加练习，本书不做详细讲解。

10.3　3 种布光方法

布光在工作中非常重要，好的布光是好作品的重要因素。场景布光的常用方法有 3 种：三点布光法（也是最重要的一种布光法）、立方文字的打光方法，以及配合物理天空的打光法。

10.3.1　三点布光

三点布光即主光、辅光和背光（轮廓光），一般只需要这三种灯光就可以把整个场景照亮而且会有许多细节。在这三种灯光中，主光源的强度一般是最强的；辅助光一般为补光，辅助主光源将没有照亮的部分照亮，强度要低于主光源；背光即轮廓光，一般在物体的顶部或

者物体后，可以增加物体的亮度细节，使物体更有质感，看起来更加自然。

❶ 导入预置的汉堡模型，创建平面，将"宽度"设置为 750cm、"高度"设置为 1510cm、"宽度分段"和"高度分段"都设置为 1、显示模式设置为"光影着色（线条）"，如图 10-44 所示。

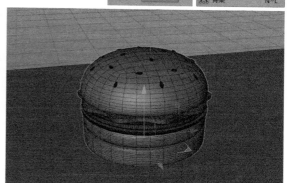

图 10-44

❷ 将平面转为可编辑对象，选择"边"模式，挤压一定的高度；单击鼠标右键，在弹出的菜单中选择"倒角"；将"偏移"改为 60cm、"细分"改为 6，如图 10-45 所示。

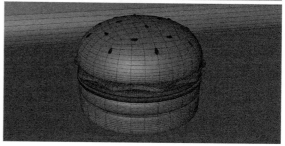

图 10-45

❸ 场景搭建完成，按快捷键 Ctrl+D 调出工程设置，将"默认对象颜色"改为"80% 灰色"；下面开始对场景进行布光，先创建灯光，再将灯光"类型"改为"区域光"、"投影"改为"区域"、"强度"设置为 110%；将灯的位置放置在物体的右上方，主光源的位置没有具体规定，主要看场景需要的光源在哪里，单击渲染窗口，如图 10-46 和图 10-47 所示。

图 10-46

图 10-47

❹ 可以看到，场景会出现死黑的现象，而且场景的物体缺少很多细节，所以需要打辅助光源。辅助光源的位置一般在主光源的对位，避免让物体出现死黑的现象。设置"强度"为 75%，其他设置和主光源的一样，如图 10-48 所示。渲染之后，效果比一个灯光要好很多，如图 10-49 所示。

图 10-48

图 10-49

❺ 两个灯光的效果好了很多，但是如果想给物体再增加点细节，可以增加一个轮廓光。在物体顶部加一个顶光，为它增加细节，如图 10-50 所示。

图 10-50

❻ 可以看到，比先前两个灯光的效果更好，而且增加了很多细节，也更柔和，这就是三点布光的打光方法。配合环境吸收和全局光照（这两个知识点在介绍渲染的时候会详细讲到）渲染出最终白模效果图，如图 10-51 所示。

图 10-51

三点布光不是三个光源，而是三种光源，一种是主光（一个），一种是辅光（可以有好多个），一种是轮廓光（可以有好多个）。很多场景依据这样的原理布光，效果很好，所以这种布光方法要多加练习，比较重要。

10.3.2 立体文字打光法

第 2 种布光方法是针对立体字配合聚光灯的一种打光方法，经常用于制作平面海报类的立体字的打光，遵循的原理也是三点布光的原理。

❶ 选择"创建 > 样条 > 文本"，输入 C4D，字体为 AardvarkBold，创建挤压，将文本作为子级放置于挤压的下方，设置移动为 0cm、0cm 和 160cm；将"顶端"和"末端"都改为"圆角封顶"、"半径"设置为 2cm，如图 10-52 和图 10-53 所示。

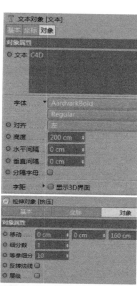

图 10-52

图 10-53

❷ 创建目标聚光灯，会出现一个空对象和一个聚光灯，将对象移动至 C4D 文字的中心处，聚光灯移动到 C 文字的左上方，将"强度"设置为130%，直接渲染，会有死黑的现象，如图 10-54 所示。

图 10-54

❸ 按住 Ctrl 键，单击鼠标左键并拖曳复制一个聚光灯，放在 C4D 的右上方，将"强度"设置为 75%，渲染，如此字的正面就全部照亮了，如图 10-55 所示。

图 10-55

❹ 只有两个灯光的话，文字厚度的细节是看不到的，所以还需要一个轮廓光，即背光，按住 Ctrl 键，单击鼠标左键并拖曳复制一个聚光灯，将这个聚光灯的位置放置于 C4D 的后下方，渲染以后效果就很好了，如图 10-56 所示。

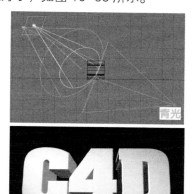

图 10-56

⑤ 最后配合环境吸收和全局光照，渲染最终效果白模图，如图 10-57 所示。

图 10-57

10.3.3　配合物理天空打光法

最后一种布光方法也是最简单的，利用一个灯光和物理天空或 HDR（这个知识点会在后面章节中详细讲解）即可完成。不过此布光方法的缺点是细节不够多，渲染出来的效果不够精细。

例如，创建一个球体和一个平面，将球体放置于平面的上方；然后创建一个泛光灯作为主光源，放置于球体的前方；创建一个物理天空（模拟真实的天空），可以全方位照射；选择"物理天空"，单击鼠标右键，选择"合成标签"；取消勾选"摄像机可见"，渲染，可以看到整个场景都照亮了，但是球体的细节少了很多，如图 10-58 所示。

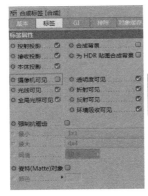

图 10-58

以上的 3 种布光方法适用于多种场景，读者可以根据实际情况选择适合的。

10.4　反光板

反光板可以增加物体的反射或者折射细节，所以反光板针对的是带有反射的物体或者玻璃材质的物体。

10.4.1　物体的反射

① 创建一个预置模型和一个平面，将平面的"宽度分段"和"高度分段"都设置为 1，选择"边"模式挤压出一定的高度；然后选择"边"，单击鼠标右键，在弹出的菜单中选择"倒角"，设置"偏移"为 60cm、"细分"为 4，搭建一个简单的场景，将显示模式改为"光影着色（线条）"，如图 10-59 所示。

图 10-59

② 双击鼠标左键，在材质窗口创建一个材质球；双击材质球，在打开的材质面板中取消勾选"颜色"，勾选"反射"，在选项中添加类型 GGX，将"粗糙度"设为 25%；调节金属材质（材质部分会在后面的章节做详细讲解），将调好的材质添加到模型上，如图 10-60 所示。

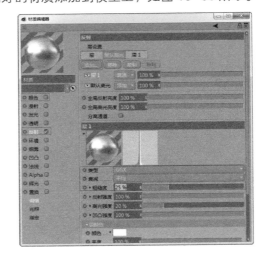

图 10-60

③ 创建平面,放置于模型的斜上方;创建材质球,勾选"发光",其他都关闭;调节发光材质,将发光材质添加到平面上,如图 10-61 所示。

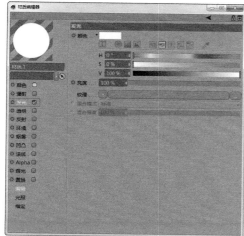

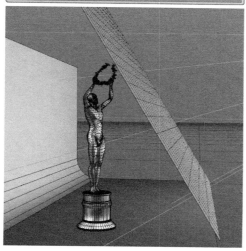

图 10-61

④ 给平面添加"合成标签",取消勾选"摄像机可见";设置"编辑器可见",渲染到图片查看器,如图 10-62 所示。

图 10-62

⑤ 关闭反光板,再渲染一张,对比效果,如图10-63 所示。

图 10-63

可以明显看到,带有反光板渲染出来的效果更亮。这是针对金属材质,还可以针对玻璃。创建一个材质球,将"反射"和"透明"选项打开,再将透明中的"折射率"设为 1.5,添加到模型上；为了使效果更明显，把地面去掉，分别打开反光板和关闭反光板进行渲染，对比效果；可以看到，增加了反光板的模型效果更加明显、更加有细节，如图 10-64 和图 10-65 所示。

图 10-64

图 10-65

10.4.2 字体的质感

反光板也经常用在字体质感表现和产品表现中。以字体为例，最终效果如图 10-66 所示。

图 10-66

❶ 选择"创建 > 样条 > 文本"，输入 C4D，"字体"选择微软雅黑、Bold；选择"创建 > 生成器 > 挤压"，将文本作为子级放置于挤压的下方；将"挤压对象"的"移动"改为 0cm、0cm、130cm，将"顶端"和"末端"设置为"圆角封顶"、"步幅"设置为 2、"半径"设置为 2cm，如图 10-67 和图 10-68 所示。

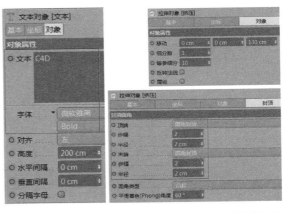

图 10-67

图 10-68

❷ 创建平面，设置"宽度"为 34cm、"高度"为 400cm；创建克隆，将平面作为子级放置于克隆的下方；设置"位置 .X"为 60cm、"位置 .Y"为 0cm、"位置 .Z"为 0cm、"数量"为 8，旋转一定的角度，如图 10-69 所示。

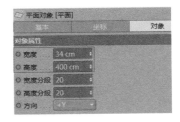

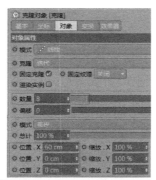

图 10-70

图 10-69

图 10-71

❸ 双击"材质"窗口创建材质；双击"材质球"，在弹出的材质面板中将"发光"选项打开，将"强度"设置为 240，其他都关闭，将发光材质添加到平面上；再创建一个材质球，只打开"反射"选项，将反射"类型"改为 GGX、"粗糙度"设置为 16%、颜色设置为"H=0，S=0，V=52"，为"克隆"添加"合成标签"，取消勾选"摄像机可见"和"编辑器可见"，如图 10-70 所示。然后给 C4D 添加背光，渲染之后就会出现如图 10-71 所示的效果。

10.4.3 产品的反光

在产品表现上，反光板要配合灯光使用，相当于柔光灯箱的效果。一般有两种常用的打光法，下面一一介绍。首先，打开预置手枪文件，创建平面，调整角度，搭建简单场景，如图 10-72 所示。

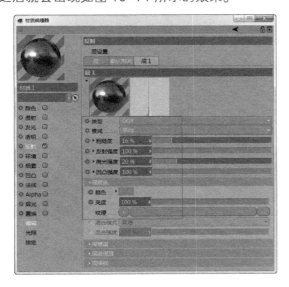

图 10-72

1. 第 1 种打光法

创建平面并垂直旋转 90°，放置于模型的正前方，添加发光材质；然后创建灯光，将"类型"改为"区域光"；将灯光作为子级放置于平面的下方，坐标都为 0，灯光就会和平面重合；

147

之后旋转 90°，将灯光移至反光板的前方，柔光灯制作完成；分别复制柔光灯放置于模型的左侧和右侧，添加"合成标签"，关闭"摄像机"可见，如图 10-73 所示。

图 10-73

在材质窗口双击鼠标左键创建材质球；然后双击材质球，在弹出的材质面板中勾选"反射"，设置"类型"为 GGX、"粗糙度"为 24%、"颜色"为"H=0，S=0，V=45"；为模型添加金属材质，为地面添加普通黑色材质，渲染到"图片查看器"。如果只有 3 个区域光，没有反光板，其他设置不变，再渲染到图片查看器，对比观察效果，可以明显看到加入反光板的打光法质感更加明显，如图 10-74 和图 10-75 所示。

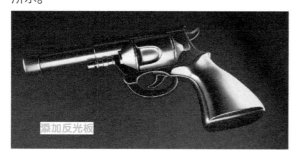

图 10-74

图 10-75

2. 第 2 种打光法

其他设置都不变，灯光和反光板的位置分别在模型的正上方、正前方和斜上方，如图 10-76 所示。

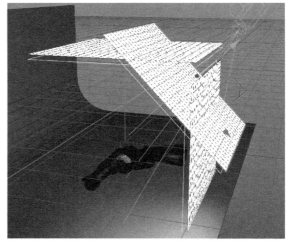

图 10-76

分别对有反光板和只有灯光的效果进行渲染，对比效果，加入反光板的效果更具真实质感，如图 10-77 和图 10-78 所示。

图 10-77

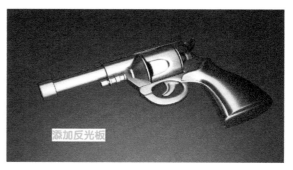

图 10-78

10.5 HDR 环境光

HDR 环境光在工作中是非常常用的一种光。它的原理就相当于在场景中放置了一个相当大的圆，为圆添加一个发光环境贴图，让物体反射它周围的环境。HDR 的作用是为带有反射的物体增加更多的细节，让物体看起来更加真实，金属效果更加明显。

HDR 的创建方法是先创建一个天空（天空可以看成是无限大的球体）；在材质窗口中双击鼠标左键，创建一个材质球；双击材质球，在弹出的材质面板中将"发光"选项打开，其他都关闭，在发光的贴图通道添加一张环境贴图，如图 10-79 所示。

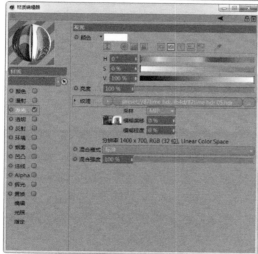

图 10-79

导入简单的卡通树模型，创建材质球；双击材质球，打开材质编辑面板，将反射"类型"改为 GGX；"粗糙度"改为 10%，简单金属材质设置完成；将金属材质添加到卡通树上，渲染到图片查看器，卡通树就会反射周围的环境，使金属看起来更加真实，如图 10-80 所示。

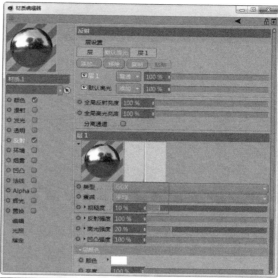

图 10-80

如果换一个 HDR 贴图，再渲染金属就会出现另一个效果，所以 HDR 贴图的选择在调节带有反射的物体时非常重要，如图 10-81 所示。

图 10-81

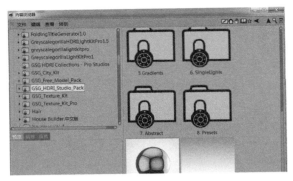

图 10-82

如果只有灯光和反光板而没有 HDR，物体肯定会缺少很多细节，所以在调节金属材质时，一定要配合 HDR，才能使金属材质看起来更加真实、更加有质感。

下面介绍一款名为"灰猩猩 HDR（GSG_HDRI_Studio_Pack）"的预设，作用是让读者更加方便地使用 HDR 环境，从而提高工作效率，原理就是遵循上述天空 + 发光环境材质设计的。

安装方法：首先选中 Cinema 4D 的图标，单击鼠标右键，在弹出的菜单中选择"打开文件位置"，选择"library>browser"，将 GSG HDRI Collections: Pro Studios 放到此文件夹下。

打开 Cinema 4D，选择"窗口 > 内容浏览器"，在弹出的菜单中选择 GSG HDRI Studio Pack，双击 HDRStudioRig.c4d，打开灰猩猩的 HDR 预设，如图 10-82 所示。

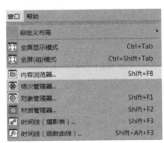

打开后，单击 HDR 预设，可以看到对象属性面板中有许多属性（都是对 HDR 贴图的细节调整），如图 10-83 所示。

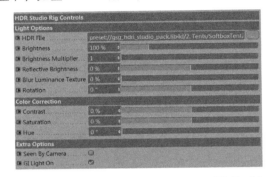

图 10-83

HDR 预设分为 3 部分：分光的调节（Light Options）、颜色的调节（Color Correction）和其他选项（Extra Options）。

HDR File 是切换 HDR 环境贴图，Brightness、Brightness Multiplier 和 Reflective Brightness 是对环境贴图亮度的细节调整，Blur Luminance Texture 选项可以模糊处理环境贴图，Rotation 可以对环境贴图进行旋转操作。读者可以调节选项观察贴图效果。

Contrast（对比度）、Saturation（饱和度）和 Hue（色相）这 3 个选项可以对环境贴图的颜色、亮度和对比度进行调节。

Seen By Camera 为摄像机是否可见，GI Light On 为全局光是否影响。

理解上面的英文含义后，可以对 HDR 环境贴图做细节调整，从而使场景更加真实、细节更多。

10.6 灯光预设

介绍完灰猩猩的 HDR 预设，再介绍一款灰猩猩的灯光预设。这个灯光预设在工作中也经常遇到，相当于反光板和灯光的结合，即柔光灯箱的效果，照射出来的物体更加真实、更有质感，也可以让读者更快速地使用灯光。安装方法和 HDR 预设是一样的，也是将预设文件安装到 library-browser 文件夹中。打开"内容浏览器"，选择"灯光预设"，双击打开，如图 10-84 所示。

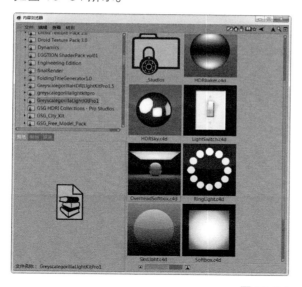

图 10-84

打开灯光预设，场景中出现一个灯箱效果。首先分析它的组成：由一个黑色材质的罩子（由放样制作完成）、一个区域光和一个反光板组成。黑色部分的作用是可以使灯光具有指向性，如图 10-85 所示。

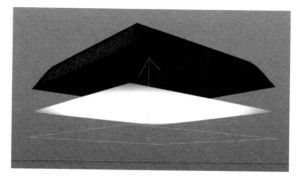

图 10-85

在灯光预设的选项中，最重要的灯光参数都有显示，可分为 4 部分：灯光设置、尺寸设置、阴影设置和其他设置，如图 10-86 所示。

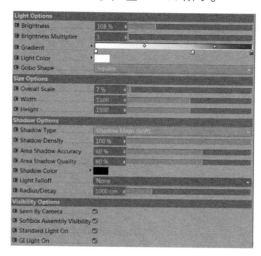

图 10-86

Brightness 和 Brightness Multiplier 都可以调节灯光亮度；Gradient 可以调节反光板的亮度，即柔和程度；Light Color 可以调节灯光颜色；Gobo Shape 可以调节反光板呈现的形状，例如将 Gobo Shape 设置为 Window，如图 10-87 所示。

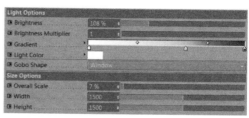

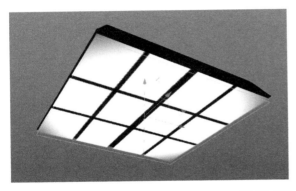

图 10-87

Overall Scale 代表整体尺寸调节，Width 调节灯光宽度，Height 调节灯光长度。在阴影设置中，Shadow Type 代表阴影类型，分为软阴影、硬阴影和区域阴影；Shadow Density 可以调节阴影的密度；Shadow Color 调节阴影的颜色，Light Falloff 代表衰减类型；Radius 代表衰减距离。

Seen By Camera 为摄像机可见，Softbox Assembly Visibility 代表上面黑色罩子的编辑器可见，Standard Light On 代表灯光可见，GI Light On 代表全局光是否影响。

理解灯光的运用后，对灯光预设的理解会更加深刻，所以读者要重点掌握基本灯光的使用方法，再使用灯光预设。

第 11 章
渲染输出模块

渲染输出是 Cinema 4D 工作完成的最后一道工序，再好的作品没有渲染输出，也是没有价值的。渲染输出是连接 Cinema 4D 与其他软件的纽带，需要读者充分理解并掌握。渲染输出是相当重要的一个模块，需要读者认真学习并多做练习。

· 渲染工具
· 环境吸收和全局光照
· 其他常用渲染效果
· 物理渲染器

11.1.1 渲染当前活动视图

快捷键是 Ctrl+R，作用是渲染当前的活动场景。创建一个球体，单击"渲染活动视图" 渲染当前视图，但是渲染出的图像不能保存，只能观察效果，如图 11-1 所示。

图 11-1

11.1.2 渲染到图片查看器

快捷键是 Shift+R，可以保存渲染出的图像。按住"渲染到图片查看器" ，可以看到下面还有很多其他选项，如图 11-2 所示。

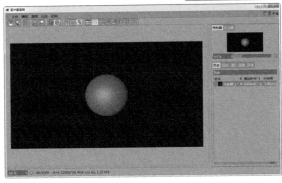

图 11-2

区域渲染：可以框选渲染活动视图中的部分区域，如图 11-3 所示。

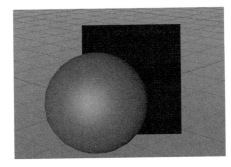

图 11-3

渲染激活对象：渲染被选中的对象。例如，创建一个立方体和球体，选中球体，单击"渲染激活对象"，在渲染视图中就只会渲染球体，而不渲染立方体，如图 11-4 和图 11-5 所示。

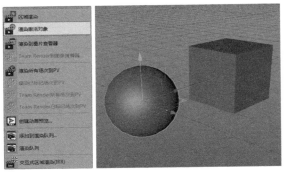

图 11-4

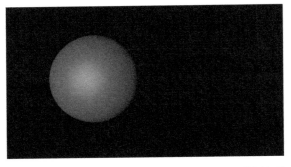

图 11-5

渲染到图片查看器：选项很多，工作中常做渲染使用，其他功能一般不使用。有两点需要读者掌握，一是保存文件 ，二是调节渲染出的图像颜色，并保存到所需的位置，保存时须勾选"使用滤镜"，如图 11-6 所示。

图 11-6

Team Render 到图像查看器：此为联机渲染的意思，一般需要更多的计算机进行渲染。

场次：可以在最终渲染合成之前预览多种不同设置下的效果。工作中一般不会用到，关于场次的概念本书不做讲解。

创建动画预览：可以对工程中设置的动画进行预览。预览模式有 3 种：完全渲染（高品质）、软件预览和硬件预览。工作中经常选择"硬件预览"，这样既能很快地看到效果，又不会占用很大的计算机内存。预览范围可以为全部帧，也可以手动设置，还可以设置图像尺寸和帧频。保存的格式，需要读者安装 Quick Time 软件，在 Cinema 4D 和 After Effects 中都会用到，并且有更多的格式可以选择，如图 11-7 所示。

图 11-7

添加到渲染队列：可以渲染多个工程的文件。选择"添加到渲染队列"，会弹出位置选框，可以将渲染工程保存到一个指定的位置。

渲染队列：可以查看渲染队列。

交互式区域渲染：框选渲染区域，转换不同视角进行实时查看渲染。随时调节选框的大小，也可以通过选框移动，如图 11-8 所示。

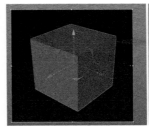
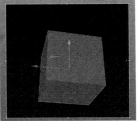

图 11-8

11.1.3 渲染设置

单击"渲染设置"，在弹出的窗口中可以看到很多设置，如图 11-9 所示。

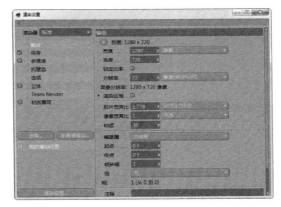

图 11-9

单击渲染器右侧的白色按钮，Cinema 4D 有标准、物理、软件 OpenGL、硬件 OpenGL 和 CineMan 这 5 个常用的默认渲染器，其中最重要的是标准和物理渲染器，其他 3 个在工作中基本不会使用；外置渲染器有 Octane Renderer（OC 渲染器）和 Arnold 渲染器，如图 11-10 所示，本书中会对 OC 渲染器进行讲解。

图 11-10

输出：作用是设置输出文件的图像大小、动画范围和帧频等。单击左上角的白色三角，可以设置很多预置的输出图像大小，如图 11-11 所示。

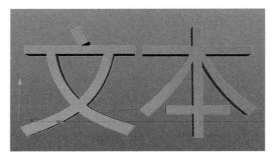

图 11-11

电视台常用的是 PAL-DV 制，即 720×576 像素，帧数是 25 帧 / 秒。产品广告或者液晶电视都是 16：9 的比例，即 1280×720 或 1920×1080 像素，帧数一般设置为 25 帧 / 秒或 30 帧 / 秒。

用于印刷类的，一般设置为 A3、A4 等，印刷类的渲染图像必须高清，所以一般单位需要用厘米，而不是像素，分辨率一般都在 200 以上，这样才能保证印刷出的图像足够清晰。

渲染区域：可以设置渲染的区域，一般不做更改。

帧频：根据客户需求决定，正常情况下一般为 24、25 或 30。

帧范围：可以设置渲染的范围。"当前帧"代表渲染单个图像，"全部帧"代表渲染整个序列，"手动"代表手动设置渲染帧数。将起点设置为 20F、终点设置为 40F，代表只渲染 20~40 帧内的图像。

有几个重要的格式需要掌握，即 JPEG、PNG 和 TARGA。无论渲染单帧图像还是动画，这 3 种格式是必须掌握的。对于单帧图像，JPEG 的容量比较小，而 PNG 和 TARGA 这两种格式可以保存 Alpha 通道（带有透明通道的图像），必须勾选"Alpha 通道"和"直接 Alpha"。

对于动画来说，PNG 和 TARGA 图像可以生成序列。例如，渲染 200 帧的场景，渲染到 100 帧时计算机死机了——如果是 PNG 序列，就可以只渲染没有渲染的后 100 帧；而如果选择视频格式（QuickTime），渲染死机再打开需要重新渲染，这就大大降低了工作效率。

渲染带透明通道的图像，需要勾选"Alpha 通道"和"直接 Alpha"，这样才能渲染出带通道的图像。例如，创建一个样条文本和挤压，将文本作为子级放置于挤压的下方，样条文本就会挤压出一定的厚度，如图 11-12 所示。

图 11-12

单击"渲染设置"，将"格式"设置为 PNG 格式，勾选"Alpha 通道"和"直接 Alpha"；保存到指定的位置，渲染到图片查看器；将保存的图像在 Photoshop 软件中打开，可以看到文本是没有背景的，如图 11-13 所示。

图 11-13

合成方案文件和多通道：这两个选项会在 After Effects 和 Cinema 4D 结合使用的章节做详细讲解。

抗锯齿：可以改变渲染图像的平滑度。抗锯齿的类型有"几何体"和"最佳"。几何体代表一般效果，但渲染效果很快；而最佳可以设置最小级别和最大级别，渲染效果更加精细，但渲染速度比几何体慢很多。

"选项""立体"和"Team Render"在工作中一般不做设置，本书中不做讲解。

材质覆写：作用是将场景中的物体以同一材质进行渲染。例如，创建立方体，双击创建材质球，将材质球的颜色改为绿色；将材质球拖至自定义材质和材质选框中，并将"模式"设为"包含"；渲染活动视图，场景的物体就会变为绿色，如图 11-14 所示。此选项工作中用得不是很多，只做了解。

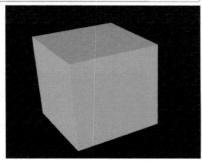

图 11-14

11.2 环境吸收和全局光照

用鼠标右键单击"渲染设置"左侧的空白处，可以添加更多的渲染设置，如图 11-15 所示。

图 11-15

"环境吸收"和"全局光照"是编辑渲染设置中用得较多的两个选项，也是很重要的两个选项。

11.2.1 环境吸收

环境吸收的作用是增加物体与物体之间的阴影，让场景看起来更真实。例如，创建一个球体和平面，直接渲染，或在"渲染设置"中先增加"环境吸收"再进行渲染，对比二者变化，可以看到加了"环境吸收"的场景效果更加真实，如图 11-16 所示。

没有环境吸收

添加环境吸收

图 11-16

"环境吸收"右侧的设置都是针对物体与物体之间的阴影进行细节的调整。

颜色：调整阴影的颜色，不过在工作中一般不会调节成其他颜色，只利用黑白灰来调节阴影的深浅。例如，双击黑色滑块，在弹出的颜色菜单中选择"灰色"，然后进行渲染，阴影就会变浅，如图 11-17 所示。

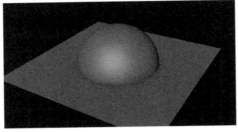

图 11-17

最小光线长度和最大光线长度：调节物体之间的阴影深度。例如，将"最大光线长度"设置为 50cm，然后进行渲染，阴影颜色更浅，如图 11-18 所示。

图 11-18

散射：阴影的柔和程度。例如，将"散射"设置为 30%，其他设置不变，渲染以后可以看到物体之间的阴影清晰很多，如图 11-19 所示。

图 11-19

精度、最小取样值和最大取样值：都是对阴影的精细程度进行调整。对比可以调节阴影的对比度，例如，将"对比"设置为 60%，然后渲染，阴影的对比度增大，颜色加深，如图 11-20 所示。

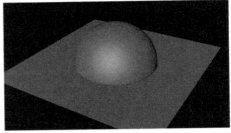

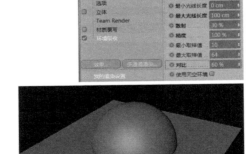

图 11-20

使用天空环境：代表环境吸收受天空的影响，"评估透明度"会在渲染玻璃的时候用到，使玻璃之间的阴影更加自然，仅限本体投影和反向都是单个物体产生投影而影响另一个物体，而不是两个物体同时产生阴影。一般不做更改。

11.2.2 全局光照

全局光照的作用是反弹场景内的灯光,避免死黑的现象,使场景中的灯光更加柔和,全局光照本身是不能作为灯光使用的,一般应用在半封闭或者全封闭的场景中,效果更加明显。例如,导入菠萝模型,创建立方体,转换为可编辑对象,将一个面去掉,将菠萝放置于立方体内部,如图11-21 所示。

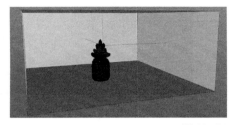

图 11-21

创建白色材质球,赋予菠萝和立方体上,创建灯光,将灯光"类型"设置为"区域光"、"投影"设置为"区域",不勾选"全局光照"进行渲染,如图 11-22 所示。

图 11-22

勾选"全局光照",不做任何设置再进行渲染,场景亮了很多,这就是灯光反弹到立方体上再反射到菠萝上的效果,如图11-23 所示。

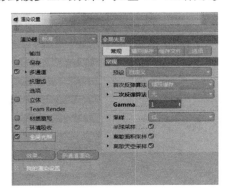

图 11-23

"全局光照"右侧的设置都是针对灯光的反弹次数做细节调整。

预设:Cinema 4D 提供了很多灯光反弹的预设类型,可针对室内或室外,不同的场景选择不同的预设,读者可以自行选择不同的预设,对比渲染,加深理解。

首次反弹算法:类型有准蒙特卡洛和辐照缓存,代表反射灯光的效果。准蒙特卡洛是最佳效果,但渲染速度较慢;虽然辐照缓存效果不如准蒙特卡洛,但是渲染速度很快。强度和饱和度也是对灯光反弹效果的加强。

二次反弹算法:灯光在进行二次反弹时的算法。类型有4种,除了"一次反弹"的两种外,又增加了"辐射贴图"和"光线映射",这两种的反弹效果不如前两种好,但是因为有前两种类型进行第 1 次反弹,所以第 2 次反弹经常可以用辐射贴图和光线映射,效果也比较好,且渲染速度也很快。

Gamma 值:增加整个场景的亮度,可以根据具体场景对 Gamma 值进行调整。

采样:代表反弹灯光的精细程度。如果需要渲染更加精细的图,可以将采样数设置为"中";如果设置成"高",渲染速度慢,并且和"中"的效果差不多。

"半球采样""离散面积采样"和"离散天空采样"在工作中一般不做调整。

159

11.3 其他常用渲染效果

除了环境吸收和全局光照，其他常用渲染设置有景深、次帧运动模糊、矢量运动模糊、对象辉光、焦散、素描卡通、线描渲染器、色彩校正和辉光。景深在摄像机章节会做详细讲解。

11.3.1 次帧运动模糊

次帧运动模糊可增加运动物体的运动模糊效果。例如，创建一个球体，0帧时在 z 轴添加一个关键帧，将滑块拖曳到90帧，将球体向 z 轴移动600cm；渲染设置选择"次帧运动模糊"，渲染到图片查看器，可以看到球体的模糊效果，如图11-24和图11-25所示。

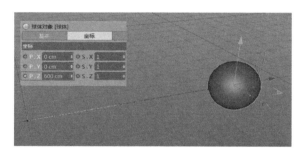

图11-24

图11-25

11.3.2 矢量运动模糊

同样的设置，但是需要在球体后添加一个"运动模糊"标签，才可以渲染出运动模糊效果，如图11-26所示。

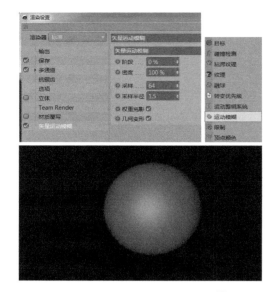

图11-26

11.3.3 对象辉光

打开辉光效果，对象辉光自动被添加。例如，创建一个球体和材质，将材质编辑器中的"辉光"选项打开，这时渲染设置中的"对象辉光"自动激活。渲染完成后，可以看到球体有一层光韵，如图11-27所示。

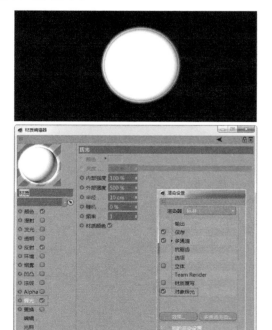

图11-27

11.3.4 素描卡通

勾选"素描卡通"选项，可以渲染出素描卡通的效果。以菠萝为例，激活渲染中的素描卡通，材质面板中会自动添加一个卡通材质球，将材质球拖曳至菠萝上，渲染到图片查看器，场景就会变为素描卡通的效果，右侧是针对素描卡通效果做细节调整，如图 11-28 所示。

图 11-28

11.3.5 线描渲染器

基本属性有颜色、光照、轮廓和边缘，作用是渲染场景中几何体的布线，也可以改变边缘和背景颜色，如图 11-29 所示，读者可以自行调整，加深理解。

图 11-29

11.3.6 色彩校正

可以对渲染图像进行颜色调整，和图片查看器中的滤镜一样，如图 11-30 所示。

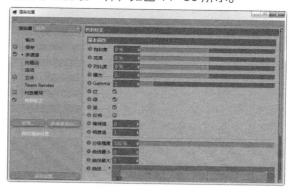

图 11-30

11.3.7 辉光

根据对象标识的序号，为不同物体制作辉光的效果。选中菠萝模型，单击鼠标右键，添加"合成"标签；勾选对象缓存的"启用"，设置"缓存"为 1；创建一个立方体，不做任何设置，添加"辉光"；勾选"使用"，设置"对象标识"为 1，如图 11-31 所示。渲染到图片查看器，菠萝产生了辉光效果，而立方体没有，如图 11-32 所示。

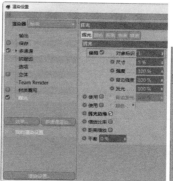

图 11-31

图 11-32

11.4 物理渲染器

Cinema 4D 自带的物理渲染器不算是真正意义上的物理渲染器，真正的物理渲染器（如 OC 渲染器）是自带 GI（全局光）的。Cinema 4D 自带的物理渲染器是半标准、半物理的，渲染效果比标准渲染器好，而且渲染的精细程度可以手动调整。此外，物理渲染器可以直接将景深渲染出来（物理渲染器的景深效果会在讲摄像机时做详细讲解），而标准渲染器还需要在后期软件（After Effects）中进行调整。这是物理渲染器较标准渲染器的优势。

将标准渲染器切换至物理渲染器，可以看到很多设置，如图 11-33 所示。

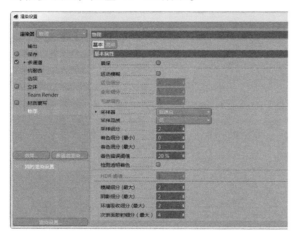

图 11-33

物理渲染器的重点是采样器。采样器有 3 种类型：自适应、固定和递增。

自适应：可以选择不同的渲染品质。如果需要精细渲染，选择"中"即可。也可以调整不同的数值对图像的精细程度做调整。

固定：选择"固定"以后，"着色"和"细分"等都无法选择，说明固定的采样器代表 Cinema 4D 默认渲染已固定，只能选择 3 种级别进行渲染。

递增：这个模式的好处是可以很快看到渲染效果。如果不单击"停止"，它会一直渲染下去，渲染时长越长，精细度越高，此模式适合观察渲染小样时使用，如图 11-34 所示。

图 11-34

模糊细分、阴影细分、环境吸收细分和次表面散射细分是分别对场景中的景深、阴影、环境吸收和 SSS 材质表现进行精细渲染，使场景的精细度更高。

在工作中，用得最多的还是标准渲染器。物理渲染器可以在渲染高精度图的时候使用，所以需要读者重点掌握的还是标准渲染器。

第 12 章
材质系统

在 Cinema 4D 中材质系统非常重要，而且非常强大。本章所讲的重点内容是读者必须掌握的，好的材质对一个好的作品起到至关重要的作用。

UV 就是模型本身的坐标，U 是横向，V 是纵向。大部分物体的材质不需要展 UV，但是在一些产品的特殊材质表现中，展 UV 非常常见。展 UV 的作用就是将贴图更好地贴合在模型中，并且可以对贴图进行实时绘制和更改。本章将会对材质和展 UV 做简单介绍。

- · 材质的基础概念
- · 材质编辑器
- · 常用材质的调节
- · 纹理标签
- · UV 贴图拆分的基本流程

12.1 材质的基础概念

Cinema 4D 的材质系统参数非常多，如果挨着讲每个参数，读者理解起来会非常吃力。所以，对于材质章节的学习，本书总结了一些技巧。相信学习了这些技巧以后，读者对材质的理解会有很大的提升。

材质是赋予物体的，即自然界的物体，在外观表现上有 3 个重要因素，即颜色、反射和高光。在细节表现上有凹凸表现，这是自然界中的物体最重要的 4 个属性，有了这些属性，物体才更加真实。

Cinema 4D 中的材质系统也是根据这样的属性来进行设定的，颜色、漫射、发光、透明和辉光控制的都是材质的外观颜色。反射控制的是材质的反射和高光，凹凸、法线、置换控制的是材质的凹凸细节，再配合一些制作特殊效果的选项（环境、烟雾和 Alpha）组成了Cinema 4D 的材质系统，如图 12-1 所示。了解了这个概念，再学习材质会有很大的帮助。

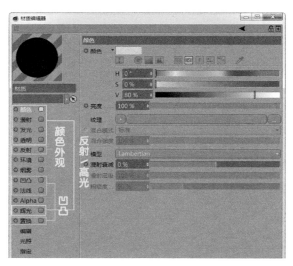

图 12-1

12.2 材质编辑器

双击材质面板的空白区域可以创建材质球，然后双击材质球，就会弹出材质编辑面板。材质球的图标可以选择不同的样式，一般不做调整，想了解的读者，可以用鼠标右键单击球体图标，在弹出的样式中随意切换。

材质编辑面板中有 15 个选项，分别是颜色、漫射、发光、透明、反射、环境、烟雾、凹凸、法线、Alpha、辉光、置换、编辑、光照和指定。环境和烟雾在平时工作中使用的机会很少，作用是增加环境效果。编辑（更改纹理大小）、光照（受光照影响）和指定（指定材质），一般也不做更改设置。所以，这 5 个选项在本书中不做详细讲解。

在材质基础中讲到颜色、漫射、发光、透明和辉光控制的都是材质的外观颜色，所以先讲这 5 个选项的作用，再讲其余的几个选项。

12.2.1 颜色

更改物体的颜色，在处理颜色比较复杂的物体时，可以在纹理中添加贴图来代替，如图12-2 所示。

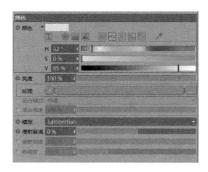

图 12-2

12.2.2 漫射

漫射针对黑白图像的效果最为明显，配合最多的着色器是渐变、颜色和噪波等黑白图像，作用是使黑色的部分更黑，而白色的部分没有变化。加深颜色的明暗变化，以一张图片为例，将这张图片分别复制到"颜色"和"漫射"选项的纹理中，可以看到，在漫射中加入纹理后，图像白色的部分没有变化，而黑色的部分更黑，如图 12-3～图 12-5 所示。

图 12-3

12.2.3 发光和辉光

发光和辉光的作用都是让物体发光。辉光可以让物体产生光晕效果；发光可以让物体本身发光，而且发光通道也可以加入纹理贴图，让纹理贴图带有发光效果，如图 12-6 和图 12-7 所示。

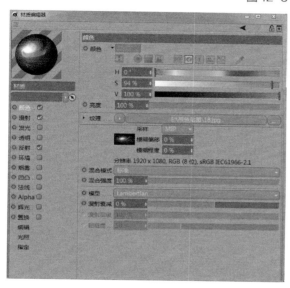

图 12-4

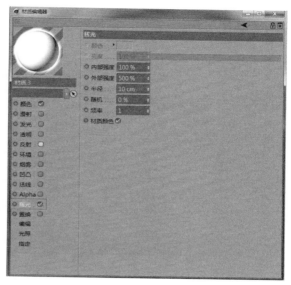

图 12-6

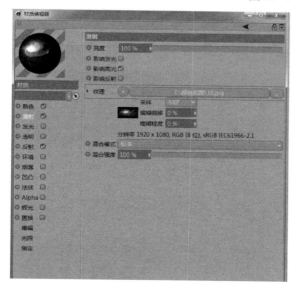

图 12-5

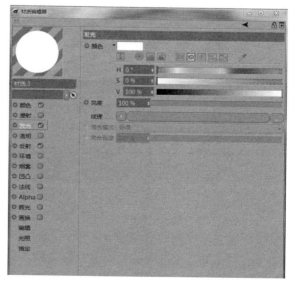

图 12-7

12.2.4 透明

调节透明材质，重要的参数有"折射率"和"吸收颜色"（控制透明的颜色）等。常用的折射率都要牢记，例如水是1.33、玻璃是1.517等，如图12-8所示。

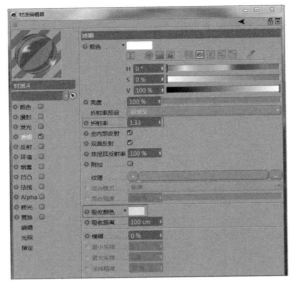

图12-8

12.2.5 反射

"反射高光"在材质系统中是很重要的一个选项。在以前的Cinema 4D版本的材质系统中，反射和高光是分开的两个选项，新版本中既然把这两个选项放在了一起，说明反射和高光在调节时是有共通之处的，在调节常用材质篇会做详细讲解。此处先解释反射的常用选项。

打开"反射"选项，看到只有"高光"选项，需要单击反射"层"下的"添加"选项，才可以添加反射类型。Cinema 4D默认的反射类型有很多，会用到的有Beckmann、GGX、Phong、Ward、各向异性和反射（传统），其他反射类型基本不会用到，如图12-9所示。

Beckmann：默认的常用类型，用于模拟常规物体表面反射，适用于大部分情况。

GGX：适合描述金属一类的反射现象。

Phong：适合描述表面漂亮的高光和光线的渐变变化。

Ward：适合描述软表面的反射情况，如橡胶和皮肤。

各向异性：描述特定方向的反射光，如拉丝和划破的金属表面等。

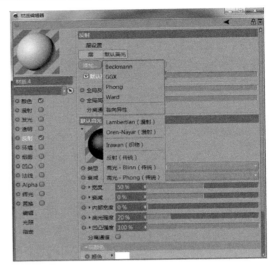

图12-9

反射选项中有一个很重要的着色器——菲涅耳。菲涅耳反射是最接近自然界的反射效果，可以想象成湖面效果，边缘是模糊的，越到中心的位置反射越清晰，并且能够保持物体本身的颜色，所以经常用这种反射来模拟烤漆材质等，如图12-10所示。

图12-10

Cinema 4D 提供了许多层菲涅耳的预设，包括绝缘体和导体，工作中经常用到，如图 12-11 所示。

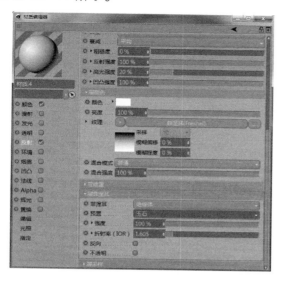

图 12-11

12.2.6 凹凸/法线/置换

凹凸、法线和置换控制的是材质的凹凸细节。其中，对黑白贴图的影响，凹凸是最明显的。此处主要讲凹凸。例如，在凹凸的纹理贴图中加入噪波黑白贴图，球体的表面就会呈现凹凸不平的效果，如图 12-12 所示。

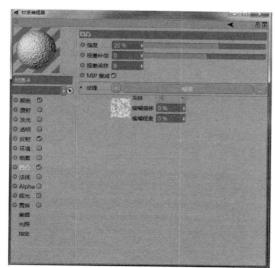

图 12-12

12.2.7 Alpha

Alpha 的作用是让材质带有透明通道。例如，制作树叶、产品包装中的 LOGO 等，都可以用到 Alpha 的选项，它有一个口诀 ——"黑透白不透"，针对的也是黑白贴图。以树叶为例，找一张黑白图和一张树叶图，如图 12-13 所示。

图 12-13

将树叶贴至颜色选项的"纹理"中，将黑白图像贴至 Alpha 通道选项的"纹理"中，创建平面，将材质添加至平面上，平面就会显示树叶的轮廓，如图 12-14 所示。

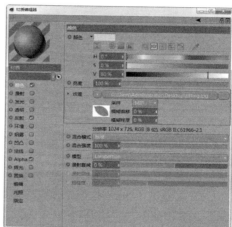

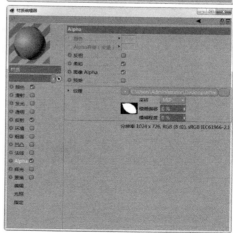

167

图 12-14

12.3 常用材质的调节

12.3.1 金属材质

工作中用得最多的就是金属材质。常用金属材质的调节要记住以下 3 点，才能调节出好看的金属材质效果。

第一，金属是全反射周围环境的，所以是不需要颜色的，要把颜色的选项去掉。

第二，调节金属材质，反射类型最好改为 GGX 的方式（这种反射类型最符合金属在自然界中的反射规律）。

第三，一定要配合 HDR 环境及灯光或反光板，这样才能使金属更有细节、质感。

下面通过一个案例来理解普通金属材质的调节方法，如图 12-15 所示。

图 12-15

增加粗糙度，就是磨砂的效果，如图 12-16 所示。

图 12-16

① 拖入杯子模型（可以用"旋转"来制作），选择"创建 > 对象 > 平面"，将杯子放置于平面的上方，如图 12-17 所示。

图 12-17

② 为场景布光，调节金属材质。布光很重要，遵循灯光章节讲过的三点布光法：将主光源放置于杯子的右上方，设置"强度"为 150%，将灯光"类型"改为"区域光"、"投影"方式设置为"区域"；在主光源相对的位置复制灯光，作为辅助光，设置"强度"为 90%，其他和主光源一样；在杯子的后方复制一个灯光，作为轮廓光（背光），其他设置和辅助光一致，如图 12-18 和图 12-19 所示。

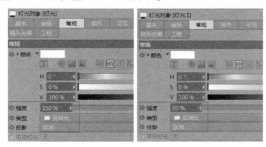

图 12-18

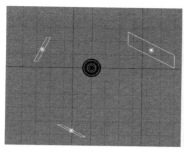

图 12-19

❸ 双击材质面板，创建材质球；双击材质球，遵循上面讲到的调节金属的方法，在弹出的材质编辑器面板中不勾选"颜色"选项，添加反射"类型"为 GGX，最重要的是添加 HDR 环境贴图，如图 12-20 和图 12-21 所示。金属是全反射周围环境的，所以好的环境贴图对金属的表现起着至关重要的作用。一般工业渲染，找的环境贴图都是以对比度特别大为特点，非黑即白。对比越强烈，金属反差越大，金属效果越明显。

图 12-20

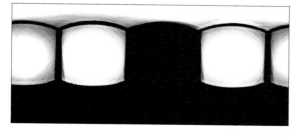

图 12-21

❹ 将调好的材质拖曳至杯子模型，添加"环境吸收"和"全局光照"，增加模型细节，渲染当前视图就会出现效果图中所示的效果。如果想调节磨砂金属效果，只需要在 GGX 模式下将"粗糙度"设置为 10%，然后渲染当前视图即可，如图 12-22 所示。

图 12-22

这是一种最简单的调节金属材质的方法，但是这种方法不能调节金属的高光。例如，将高光面积调节得非常大，虽然视图中看到高光面积非常大，但是渲染当前场景，效果不会发生变化，这是因为全反射的原因，如图 12-23 所示。

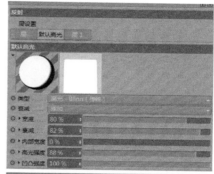

图 12-23

要解决这个问题，只能给材质添加衰减，添加衰减的方法就是添加菲涅耳。如果直接在纹理材质中添加菲涅耳着色器，就会破坏全反射的材质，还要重新调节衰减的颜色等，所以需要通过"层菲涅耳"中的"导体"预设达到想要的效果。将"菲涅耳"设置为"导体"、"预置"设置为"钢"，渲染当前视图，可以看到，杯子的材质没有发生变化，而杯子也会受到高光的影响，如图 12-24 所示。

图 12-24

12.3.2 烤漆材质

烤漆材质既可以保持高反射，也可以保持物体本身的颜色，在做创意类小场景或者立体字时经常用到。调节这种材质，最重要的一点就是要在反射中添加菲涅耳反射，这种反射是最接近于自然界的反射。Cinema 4D 提供了许多菲涅耳预设，也可以添加不同的预设来达到烤漆材质的效果。

首先，看一下烤漆材质制作的立体字效果，如图 12-25 所示。

图 12-25

❶ 在 Illustrator 中设计好文字效果，保存成 Illustrator 8 的版本，如图 12-26 所示。

图 12-26

❷ 将 Illustrator 文件拖曳至 Cinema 4D 中，选择对象层面板中的所有图层，单击鼠标右键，在弹出的菜单中选择"连接对象 + 删除"，成为一个整体，创建挤压，设置"移动"为 0cm、0cm 和 90cm，设置"半径"为 2cm，将样条作为子级放置于挤压的下方，如图 12-27 所示。

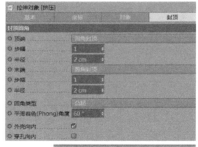

图 12-27

❸ 复制一层挤压的文字，向 z 轴的负方向移动 10cm；设置圆角封顶"半径"为 10cm，如图 12-28 所示。

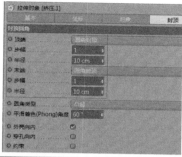

图 12-28

❹ 创建目标聚光灯，移至立体字的左上方，设置"强度"为 180%，将"投影"改为"区域"，作为主光源；复制一个聚光灯，放置于右上方，设置"强度"为 50%，其他保持不变，如图 12-29 所示。

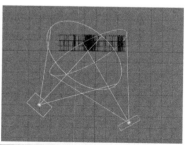

图 12-29

❺ 在光线不足的情况下，可以增加"物理天空"，增加亮度，并添加"合成"标签，关闭"摄像机可见"。创建材质球，双击打开材质编辑器，设置"颜色"为"深红色"、反射"类型"为 GGX、层颜色"纹理"为"菲涅耳"；将"亮度"设置为 5%、"混合强度"设置为 10%，文字的描边层不用太高的反射，如图 12-30 所示。

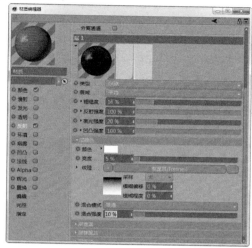

图 12-30

❻ 按住 Ctrl 键，将鼠标指针移动至红色材质球上，复制一个相同的材质球，双击打开，将"颜色"改为"橘黄色"、"亮度"设置为 40%、"混合强度"设置为 30%，让文字层的反射强烈一些，分别拖曳至文字层和描边层，如图 12-31 所示。最后添加"环境吸收"和"全局光照"，如果感觉细节不够，还可以添加 HDR 环境，渲染之后，就会得到案例开始展示的效果。

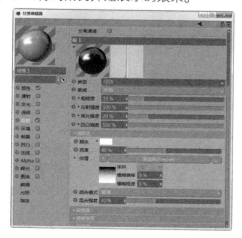

图 12-31

12.3.3 木纹材质

此处不只说木纹这一种材质，而是一大类材质，即用贴图来控制物体的材质。这种材质在工作中经常使用，家装领域最多。学会木纹材质的调节方法以后，其他这类材质的调节方法是一致的，唯一不同的就是反射参数。首先，看一下效果，如图 12-32 所示。

图 12-32

❶ 打开学习资源文件夹"素材 >12.3.3 木纹贴图"图片，如图 12-33 所示。

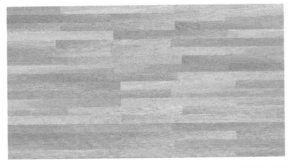

图 12-33

❷ 以杯子场景为例，将木纹贴图拖曳至材质面板，双击材质球，在弹出的材质编辑面板中可以看到木纹贴图就直接贴在了纹理选框内，如图 12-34 所示。

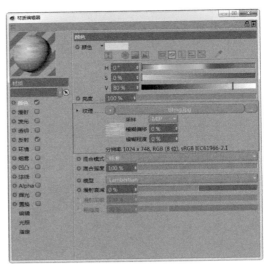

图 12-34

❸ 单击"纹理"后的三角图标，在弹出的选项中选择"复制着色器"，意思就是复制木纹贴图。然后单击"反射"选项，添加 Beckmann 类型（这种类型是反射的通用类型，可以用在各种反射中）；将"粗糙度"设置为 10%，单击层颜色"纹理"前的三角图标，在弹出的选项中选择"粘贴着色器"，将贴图粘贴至反射的纹理中，代表反射中带有贴图的效果，如图 12-35 所示。

图 12-35

❹ 很明显，这种反射太强了。木纹不需要有很强的反射，所以调小"亮度"和"混合强度"，都设置为 4%，如图 12-36 所示。

图 12-36

❺ 勾选"凹凸"。任何带有纹理的物体都是有凹凸的，在凹凸纹理通道中粘贴着色器，就会根据贴图的颜色信息进行凹凸，但是凹凸对黑白贴图的处理效果是最好的，对于没有变成黑白贴图的木纹，凹凸效果是不明显的。需要将木纹转换成黑白图像，这时就会用到一个很重要的着色器——过滤，作用是调节贴图的色彩信息。在凹凸纹理中添加上木纹材质后，单击纹理后的三角图标，在弹出的选项中选择"过滤"，设置"饱和度"选项为 -100%，增加木纹贴图的黑白对比度，设置"亮度"为 -26%、"对比"为 60%，材质球的凹凸效果就非常明显了，如图 12-37 所示。

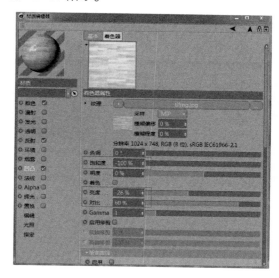

图 12-37

❻ 大部分贴图材质都可以用这种方法来调节，也可以用菲涅耳。将调节好的木纹材质拖曳至平面，可以看到平面上的纹理方向和大小都是

不正确的。处理纹理的大小，就会用到材质的"纹理标签"（会在材质的下一小节进行讲解）。单击"纹理标签"，在属性面板中将"投影"方式设置为"立方体"，代表贴图会以立方体的方式拼贴贴图，这种方式也是最常用的，投射方式适合大部分模型，如图 12-38 所示。

图 12-38

❼ 木纹的纹理有些小，所以需要将平铺值设置为 0.7，将它放大。方向还是不正确，调节纹理的方向需要用到编辑菜单中的"纹理模式"和"启用轴心"，全部勾选，旋转 90°，木纹材质的方向就正确了，如图 12-39 所示。将先前制作的杯子模型复制过来，创建球体，添加烤漆材质，渲染当前视图就完成了。

图 12-39

12.3.4 图层材质

图层材质用于增加材质的细节。下面介绍 3 种图层材质：一是反射的图层材质，二是着色器中的图层材质，三是材质与材质的混合。

1. 反射的图层材质

工作中最常用的一种图层材质，经常用来模拟车漆、化妆品或者手机的金属效果，常配合反光板使用。下面通过一个案例来了解一下反射中的图层材质，如图 12-40 所示。

图 12-40

❶ 创建平面，拖入模型，调整到合适的角度。创建材质球，双击打开材质编辑面板，调节模型的盖子金属材质，将"颜色"关闭，在反射选项中添加第 1 层反射，主要调节材质的颜色和粗糙度，设置"粗糙度"为 50%、"颜色"为淡黄色，如图 12-41 所示。

图 12-41

❷ 添加第 2 层反射，"类型"选择 GGX；这层反射主要调节反射强度，但是添加了 GGX 后，会把前面的材质覆盖掉，所以添加"菲涅耳"，对第 2 层反射产生衰减效果；与第 1 层反射混合，将"菲涅耳"改为"导体"、"预置"改为"金"、

"反射强度"设置为 72%、"粗糙度"设置为 10%，如图 12-42 所示。

图 12-42

❸ 如果这层效果可以了，就不用再添加反射了。如果感觉反射还是不明显，可以再添加一层反射，作用也是增加反射的细节。再增加一层，将"菲涅耳"改为"绝缘体"、"折射率"设置为 3.2，就可以让材质更加有反射细节，如图 12-43 所示。

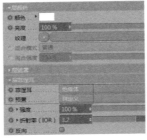

图 12-43

❹ 调节瓶身模型的材质，创建材质球，双击打开材质编辑面板。瓶身材质是带有颜色的，所以需要将颜色设置为深红色，添加 3 层"反射"：第 1 层调节颜色和粗糙度；第 2 层添加层菲涅耳，将"类型"改为"绝缘体"、"折射率"设为 2.7；第 3 层将"类型"改为"绝缘体"、"折射率"设为 1.75，如图 12-44 和图 12-45 所示。

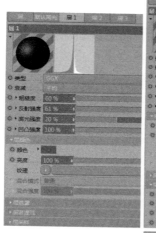

图 12-44

图 12-45

⑤ 添加反光板（关于反光板的打法在灯光章节已经详细讲解过），放置到合适的位置，如图 12-46 所示。

图 12-46

⑥ 给地面添加黑色烤漆材质，添加 HDR 贴图，在渲染设置中添加"环境吸收"和"全局光照"，渲染当前视图，如图 12-47 所示。

图 12-47

2. 着色器中的图层材质

对每一层都可以添加，与 Photoshop 的图层叠加原理一样，如图 12-48 所示。

图 12-48

图像：可以导入位图。

着色器：可以添加不同的着色器。

效果：可以添加不同的效果。添加图像或者着色器后会出现图层的叠加方式，可以选择不同的叠加方式，向图层之间进行叠加。例如，"正片叠底"是将图像的白色部分去掉，只留下黑色信息，如图 12-49 所示。

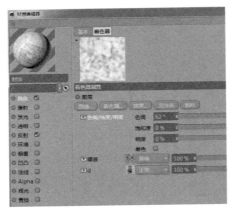

图 12-49

3. 材质与材质的混合

要求必须有一个材质是带有透明通道的，不然无法进行混合。例如，创建球体，创建第一个材质球，将颜色改为红色，添加至球体上；然后创建一个材质球，将颜色改为青色，在 Alpha 通道中添加噪波黑白贴图，此处青色材质就带有透明通道，将青色材质也添加到球体上，就会出现两个材质的混合，如图 12-50 所示。

图 12-50

12.3.5 玻璃材质

调节玻璃材质的技巧是模型要有厚度而且不是全封闭的。玻璃材质的标准调节方法是，首先要记住玻璃的折射率为 1.517，玻璃的高光是很小的；然后添加反射"类型"为 Beckmann，在层菲涅耳预设中选择"绝缘体"，预置"类型"选择"玻璃"，如图 12-51~图 12-54 所示。

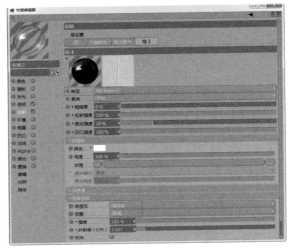

图 12-51

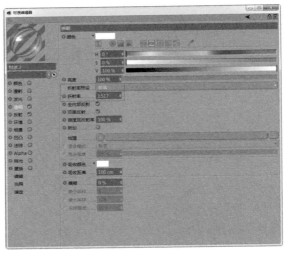

图 12-52

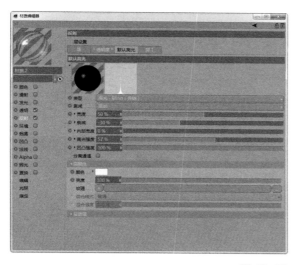

图 12-53

图 12-54

在调节全封闭模型中，玻璃材质经常会出现问题，特别是在加上环境吸收的情况下，如图 12-55 所示。

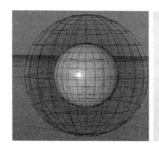 

图 12-55

可以看到球体比原始的大了很多，明显不是想要的效果，所以需要进行以下操作。在"环境吸收"中把"评估透明度"选项打开；给全封闭的模型打开一个口，而且需要给模型增加厚度，这样渲染出来的才像玻璃材质，如图 12-56 所示。此时，球体的大小恢复正常，球体本身也亮了很多。这是调节玻璃材质的技巧，一定要牢记。

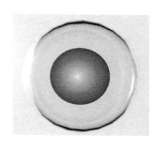

图 12-56

12.4 纹理标签

给几何体添加材质以后，会在对象层面板的几何体图标后面自动添加纹理标签，具体属性如图 12-57 所示。

图 12-57

材质：可以将不同的材质球拖曳至材质选框中替换不同的材质。例如，再次创建一个材质球，设置为红色，将红色材质球拖到材质选框中，球体的颜色就会变成红色，然后替换原来的白色材质，如图 12-58 所示。

图 12-58

选集：作用是将不同的材质添加到几何体的指定区域。例如，创建球体，转换为可编辑对象，切换为"多边形"模式，按快捷键 U~L 循环选择一圈面，在"选择"菜单下单击"设置选集",在对象层面板的"材质球"后出现一个三角的图标,这个图标就代表了选集,如图 12-59 所示。

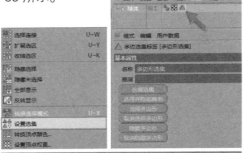

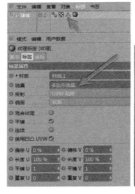

图 12-59

创建材质球,将颜色改为红色;将红色材质球拖至球体上,单击"纹理"图标;将三角图标放置于选集选框中,先前被选择的一圈面改为了红色,如图 12-60 所示。

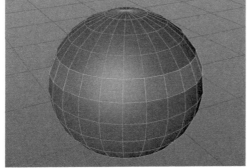

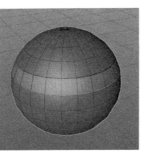

图 12-60

投射:纹理标签提供了 9 种投射方式,分别是球状、柱状、平直、立方体、前沿、空间、UVW 贴图、收缩包裹和摄像机贴图,其中比较重要的是立方体、前沿、UVW 贴图和摄像机贴图。例如,球状代表以球体的方式投射。

UVW 贴图是默认的投射方式,作用是将贴图以几何体的 UV 坐标进行投射。例如,创建平面,保持默认,将风景贴图拖曳至材质面板中,然后将贴有风景贴图的材质拖曳至平面上,风景会以平面的大小投射在平面上,如图 12-61 和图 12-62 所示。

图 12-61

图 12-62

立方体代表投射会以立方体拼贴的方式投射,这种方式适合大多数模型,也是贴图材质的首选投射方式,如图 12-63 所示。

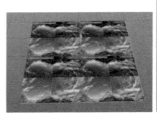

图 12-63

经常用前沿和摄像机贴图制作实景合成的效果，不过摄像机贴图需要创建摄像机，添加至摄像机选框中。这两种投射的作用是始终将贴图指向屏幕。例如，创建两个平面，垂直摆放，找一张风景贴图拖至材质面板中，将风景材质分别拖至两个平面上，如图 12-64 所示。

图 12-64

默认的 UVW 投射方式是不正确的，选择两个平面的"纹理标签"，将"投射"方式改为"前沿"，调整视图正对屏幕，如此视图显示才正确，但是两个平面的颜色不一样，一个偏黑，一个正常，如图 12-65 所示。

图 12-65

选择两个平面，单击鼠标右键，在弹出的菜单中选择"Cinema 4D 合成标签"，在属性面板中勾选"合成背景"，然后渲染当前视图，效果就正确了，如图 12-66 所示。

图 12-66

创建球体，放置于平面上，添加普通默认材质，创建灯光，放置于球体的右前方，将灯光的"投影"方式改为"区域"，渲染后球体就会融合在背景中，如图 12-67 所示。

图 12-67

混合纹理：勾选以后，将两个不同材质的材质球拖曳至几何体上，渲染到图片查看器，两个材质就会进行混合，但是渲染到当前视图是看不到效果的，比较麻烦，所以混合纹理这个选项在一般情况下不做改变。

平铺：顾名思义，就是将贴图平铺在几何体上。不勾选"平铺"将不会对材质产生效果。

连续：将拼贴的贴图进行无缝连接。制作贴图材质时，经常配合立方体的投射方式，勾选"连续"来使用，如图 12-68 所示。

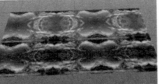

图 12-68

来，切换为"多边形"模式，按快捷键 U~L 循环选择，然后选择底端的面，如图 12-70 所示。

图 12-70

使用凹凸 UVW：只有在投射方式为 UVW 贴图时此选项才会被激活。这个选项控制的数值就是"重复 U"和"重复 V"，代表贴图在 U 向和 V 向的重复个数，调节数值，效果和立方体的效果相似。例如，将贴图的"长度 U"和"长度 V"设置为 10%、"平铺 U"和"平铺 V"设置为 10、"重复 U"设为 1、"重复 V"设为 0，效果如图 12-69 所示。

偏移 U/V：代表贴图的几何体上横向和纵向的移动。

长度 U/V 和平铺 U/V：可以控制贴图在几何体上的大小。

② 单击"选择 > 填充选择"，快捷键是 U~F，按住 Shift 键并单击易拉罐的上半部分，就会选择出分裂的面，如图 12-71 所示。

图 12-71

③ 用鼠标右键单击选中的面，在弹出的菜单中选择"分裂"，UV 拆分的面就会被单独提出来，单击原先的模型，将选择的面删除，如图 12-72 所示。

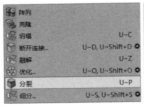

图 12-72

图 12-69

12.5 UV 贴图拆分的基本流程

① 以易拉罐模型为例，首先拖入"素材 >12.5 易拉罐模型"素材文件，将要展 UV 的面分裂出

④ 选择被分裂出的面，切换为"边"模式，将需要沿切割的边选择出来；单击"选择 > 路径选择"，快捷键是 U~M，如图 12-73 所示。

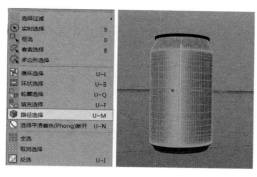

图 12-73

⑤ 选择 UV 拆分专用界面中的 BP-UV Edit，切换为 UV 多边形编辑模式，如图 12-74 所示。

图 12-74

⑥ 选择右侧的属性面板，按快捷键 Ctrl+A 全选分裂出的面，将所要拆分的面先全部选中，如图 12-75 所示。

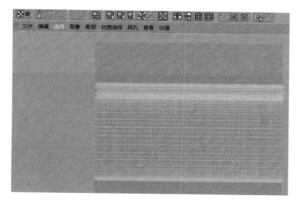

图 12-75

⑦ 选择"贴图"选项，先投射模型（Cinema 4D 提供了 8 种投射方式，最常用的方式就是"前沿"，作用是将模型以看到的视角进行投射），调整好角度，单击"前沿"，属性面板中就会出现和左侧模型一样角度的模型，如图 12-76 所示。

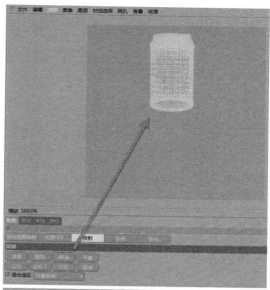

图 12-76

⑧ 单击"松驰 UV"，勾选"沿所选边切割"，单击"应用"按钮，展开的面就会显示在属性面板中，如图 12-77 所示。

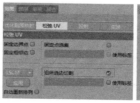

图 12-77

⑨ 这时展开的面方向不正确，可以选择 UV 拆分面板中的旋转、缩放和移动工具，将展开的面放置于合适的位置，如图 12-78 所示。

图 12-78

⑩ 将画笔"尺寸"设置为 1，描边多边形，将展开的面导出至 Photoshop 中，按快捷键 Ctrl+A 全选所有的面，单击"新建纹理"，保持默认大小，然后单击"确定"按钮，如图 12-79 所示。

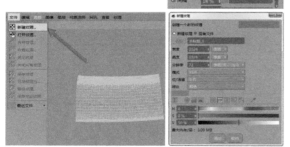

图 12-79

⑪ 单击"图层"选项，创建图层，选择"描边多边形"，如图 12-80 所示。

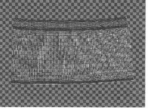

图 12-80

⑫ 单击文件，另存纹理为 PSD 格式，这样可以实时修改并实时更新，如图 12-81 所示。

图 12-81

⑬ 将另存的 PSD 纹理在 Photoshop 中打开，拖入易拉罐贴图"素材 >12.5 贴图"，将贴图按照导出的网格纹理进行绘制，保存时关闭白色网格，如图 12-82 所示。

图 12-82

⑭ 将保存好的 PSD 纹理拖曳到 Cinema 4D 材质面板中，双击打开材质球，在颜色选项中选择"纹理"，单击"重载图像"，将材质移至易拉罐模型上就会显示正确的图像，如图 12-83 所示。

图 12-83

如果想要修改贴图，可以在 Photoshop 中实时修改，保存后在 Cinema 4D 中重载图像，非常方便。了解 UV 拆分的基本流程后，读者可以根据这个方法对简单模型进行拆分，以达到想要的效果。

第 13 章
动画模块与摄像机

从本章开始介绍 Cinema 4D 的运动模块，喜欢动画的读者要认真
学习并多做练习。

- 动画与关键帧的概念介绍
- 时间线及动画专用界面
- 摄像机的种类介绍
- 动画的调整和摄像机变换

动画：可以理解为图片的序列。例如，渲染版块可以导出 PNG 序列或者 JPG 序列，这些序列连起来进行播放，就会成为一个动画。一般工作中用到的帧率都是 25 帧 / 秒或者 30 帧 / 秒，如果低于这个帧率，画面看起来比较卡。

在 Cinema 4D 中，动画可以分为两大类，分别是关键帧动画和非关键帧动画。

关键帧动画又可以分为点线面级别的动画（PLA 动画）和位置、缩放、旋转的动画（PSR 动画），以及其他需要打关键帧的动画。

非关键帧动画即动力学（刚体、柔体、布料等）或者 XPresso 动画，这些动画是不需要打关键帧的。

关键帧：表示在不同的时间段，设置关键的两个不同的参数，其他参数会根据这两个参数的数值来进行过渡变化。

例如，打开 Cinema 4D，创建球体，找到"动画"编辑面板，将滑块移至 0 帧，在 z 轴的位置上添加一个关键帧，添加关键帧的位置点就会变成红色，如图 13-1 所示。

图 13-1

将滑块移至 90 帧，将球体在 z 轴方向上移动 400cm，添加一个关键帧，场景中出现一条白线，即球体的运动路径，代表在 z 轴方向上从 0cm~400cm 的过渡，0 和 400 这两帧称为关键帧，单击"动画播放"，球体就会沿着这条路径运动，如图 13-2 所示，这就是典型的 PSR 动画。

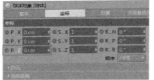

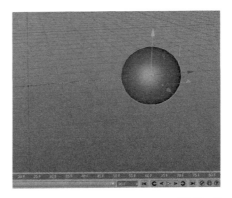

图 13-2

再看一看点线面级别的动画（PLA 动画）。创建球体，将球体转换为可编辑对象，切换为"多边形"模式，选择其中一个面，将滑块移动至 0 帧，选择"动画"编辑面板中的"点级别动画开关"▦，按 F9 键（记录点级别动画的关键帧）⊘，如图 13-3 所示。

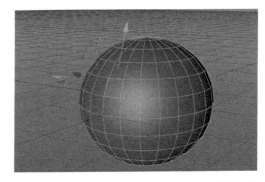

图 13-3

将滑块移至 90 帧，往 z 轴方向移动一段距离，按 F9 键（记录点级别动画的关键帧）⊘，然后向前播放动画就会出现简单的生长动画，如图 13-4 所示。

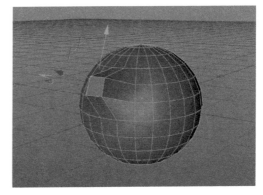

图 13-4

还有其他的关键帧动画,例如利用扫描中的参数可以制作生长动画等,所涉及的各种参数都可以做关键帧动画,此处不做演示。

非关键帧动画,例如动力学系统,模拟刚体、柔体和布料等,会在后面的章节详细讲解。

13.2 时间线及动画专用界面

创建立方体,为立方体做一个 z 轴上的位移动画,将动画编辑窗口的滑块移至 0 帧,在 z 轴的位置上添加一个关键帧,将滑块移到 90 帧,然后将立方体在 z 轴方向

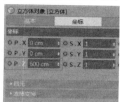

上移动 600cm,添加一个关键帧,这时立方体就会有一个向 z 轴移动的位移动画,如图 13-5 所示。

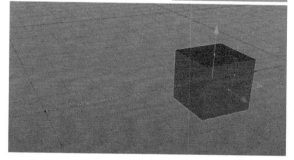

图 13-5

删除关键帧是按住 Ctrl+Shift 键并单击红色的点;也可以用鼠标右键单击红点,在弹出的菜单中选择"动画—删除轨迹"。

调取时间线的方法有两种。

一种是在红色关键帧处单击鼠标右键,在弹出的菜单中选择"动画—显示时间线窗口",对动画进行细节调整;也可以用鼠标左键单击菜单栏中的窗口选择时间线。

还有一种方法是运用动画专用界面来调取时间线。下面以上面的立方体为例来讲解时间线的动画调节。调取专用界面的方法是单击 Cinema 4D 右上角的界面,在下拉选项中选择"Animate 界面",将界面切换为动画专用调节界面,如图 13-6 所示。

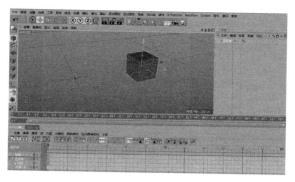

图 13-6

单击时间线窗口,可以看到它是由 3 部分组成的,即菜单栏、常用调节动画的工具和时间线窗口。下面介绍第 2 行工具中的重点工具,如图 13-7 所示。

图 13-7

类似钥匙形状的图标是摄影表,可以清晰地看到关键帧的位置。例如,上一个场景是在 z 轴上添加的关键帧,在摄影表中可以明显看到,如图 13-8 所示。

图 13-8

但是摄影表只能显示关键帧的位置,而不能调整动画的速度,如果想调节动画的速度就需要切换成时间函数曲线的模式(带有 F 的图标),切换过来后,可以看到在 z 轴上的函数曲线,如图 13-9 所示。

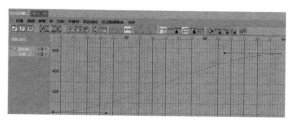

图 13-9

在时间线中，很重要的一个概念就是差值。在时间函数曲线窗口中，提供了 3 种差值方式，分别是线性、步幅和缓入缓出。例如，框选时间函数窗口中的两个关键帧，单击线性图标，函数曲线变成一条直线，代表物体就会匀速运动，如图 13-10 所示。

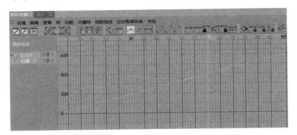

图 13-10

切换成步幅模式，代表物体将会从一个位置直接跳至另一个位置，中间没有位置的过渡，如图 13-11 所示。

图 13-11

切换成缓入缓出，代表物体刚开始减速、中间加速、最后减速的运动过程，如图 13-12 所示。

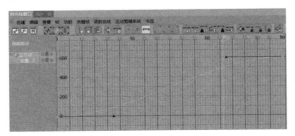

图 13-12

3 种插值方式后的所有工具都是对关键帧进行细节调整。读者可以调整曲线，变换不同的运动方式，选择关键帧，选择不同的工具，对比变化加深理解。

13.3 摄像机的种类介绍

摄像机的种类分为目标摄像机、立体摄像机、运动摄像机、摄像机变换和摇臂摄像机。

注意，创建摄像机后，激活摄像机后的图标才算进入摄像机视图，才能制作摄像机动画、景深等效果，这是前提条件，如图 13-13 所示。

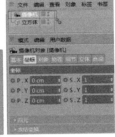

图 13-13

这里先讲一下几种不重要的摄像机类型：目标摄像机、立体摄像机、运动摄像机和摇臂摄像机。

13.3.1 目标摄像机

创建目标摄像机以后，可以看到普通摄像机后添加了一个目标标签和一个空白对象；进入摄像机，移动空白对象，摄像机镜头会一直跟随空白对象移动，如图 13-14 所示。

图 13-14

13.3.2 立体摄像机

创建立体摄像机后，单击摄像机对象属性中的"立体"选项，设置"模式"为"对称"。如果改成单通道就变成了普通摄像机，设置"双眼分离"为 80cm，退出摄像机后，可以看到它是由两个摄像机组成的。电影中经常用这种方法制作立体效果，给人真实感，如图 13-15 所示。

图 13-15

13.3.3 运动摄像机

创建运动摄像机，会出现一个样条、一个空白对象和一个加了运动摄像机标签的普通摄像机。调整空白对象的位置，可以调整镜头的位置。样条代表了摄像机的运动路径，这个默认的样条不是固定的，可以随时更换。调节运动摄像机对象属性中的位置 A 滑块，可以让摄像机跟随路径运动。虽然运动摄像机的功能较多，但是工作中一般不用运动摄像机来制作运动效果，只做了解，如图 13-16 所示。

图 13-16

13.3.4 摇臂摄像机

创建以后，也会在普通摄像机后面添加一个摇臂摄像机标签。在一般的工作中，需要做特殊镜头时可能会用到摇臂摄像机。具体参数本书不做详细讲解（读者可以自行调整，观察摄像机的变化），如图 13-17 所示。

图 13-17

13.4 动画的调整和摄像机变换

摄像机中常用的概念就是景深效果的调节。景深是在聚焦完成后，焦点前后的范围内所呈现的清晰图像，即一前一后的距离范围。如何在 Cinema 4D 中调节摄像机的景深效果？下面通过标准渲染器和物理渲染器来制作景深效果。

例如，创建 4 个立方体，分别放置到不同的位置，然后创建摄像机，进入摄像机视图，如图 13-18 所示。

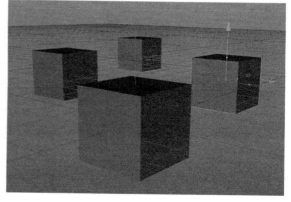

图 13-18

创建空白对象，将空白对象拖曳至摄像机"焦点对象"选框中，勾选摄像机"细节"选项中的"景深映射 – 前景模糊"和"景深映射 – 背景模糊"，如图 13-19 所示。打开"渲染设置"，在标准渲染器下，勾选"景深"，渲染当前视图，就会出现景深效果，而且只有空白对象位置的立方体是清晰的，如图 13-20 所示。

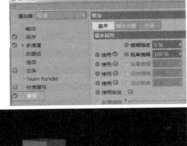

图 13-19

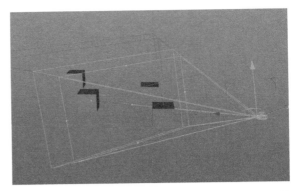

图 13-21

同样的场景，切换至"物理渲染器"，打开物理中的"景深"，将"光圈"设置为 0.1，如图 13-22 所示。光圈数越小，景深效果越明显。渲染当前活动视图，景深效果非常明显。

图 13-20

如果关闭"前景模糊"，渲染之后只有背景有景深效果；关闭"背景模糊"，前景就会出现景深效果，退出摄像机，可以看到摄像机距离的变化，如图 13-21 所示。

图 13-22

摄像机的其他参数都比较好理解，这里不做详细讲解。读者可以自行调整，对比变化，加深理解。

摄像机动画有一个很常用的运用，就是摄像机跟随路径运动。例如，创建立方体和圆环，将立方体放置于圆环的中心位置，如图 13-23 所示。

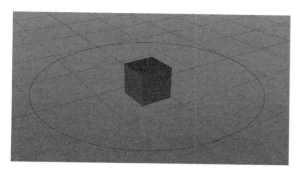

图 13-23

创建空白对象，将空白对象的位置和立方体中心位置重合；然后创建摄像机，单击鼠标右键，在弹出的菜单中选择"目标"标签；将对象拖曳至目标选框中，这时摄像机就会一直指向空白对象，如图 13-24 所示。

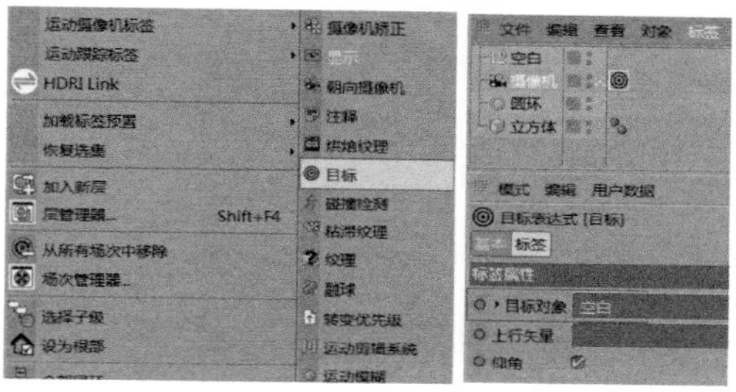

图 13-24

用鼠标右键单击摄像机，在弹出的菜单中选择"对齐曲线"，将圆环拖曳至"曲线路径中"，如图 13-25 所示。调整位置数值，可以看到摄像机在圆环的路径上运动，并且始终指向立方体，如图 13-26 所示。经常用这种方法来制作产品包装类的广告。

图 13-25

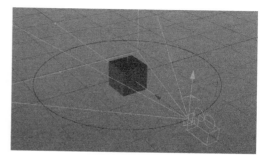

图 13-26

摄像机动画的另一个重要且常用的运用就是摄像机变换，默认状态下它是不能被选择的，如图 13-27 所示。

图 13-27

只有在场景中有多个摄像机的情况下，"摄像机变换"才会被激活。它的作用是切换多个摄像机的镜头。例如，创建 3 个球体，分别放置于不同的位置；将视图调整到球体 1 的位置，创建摄像机；然后将视图调整至球体 2 的位置，接着创建摄像机；将视图调整到视图 3 的位置，创建摄像机，这时场景中就会有 3 个摄像机，如图 13-28 所示。

图 13-28

同时选择 3 个摄像机，单击"摄像机变换"，3 个摄像机之间出现一条路径，如图 13-29 所示。摄像机变换的作用就是令一个摄像机沿着 3 个摄像机的路径运动。

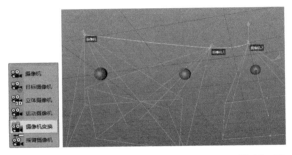

图 13-29

　　进入"摄像机变换"视图，视图就会显示第 1 个摄像机的位置；拖动摄像机变换标签中的"混合"选项，视图就会从第 1 个摄像机的视图逐渐转换至第 3 个摄像机的视图；退出摄像机可以看到运动路径，对"混合"设置关键帧，调整动画，如图 13-30 所示。

　　摄像机变换在工作中经常使用，这个知识点需要牢记。

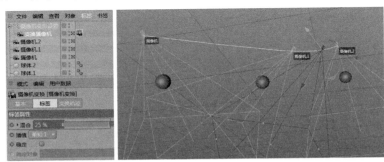

图 13-30

第 14 章
模拟标签

在 Cinema 4D 中，柔体是刚体的一部分。为几何体添加刚体后，在属性选项中有柔体的选项，改为"由多边形 / 线构成"，刚体就会转换成柔体，所以刚体中的一些属性也可以用在柔体上。

- 刚体选项
- 刚体碰撞选项
- 刚体中的力选项
- 柔体选项

刚体的添加方法：创建一个立方体，保持默认大小；然后创建一个平面，将立方体放在平面的上方，并保持一段距离，用鼠标右键单击立方体，在弹出的菜单中选择"刚体"；接着用鼠标右键单击平面，在弹出的菜单中选择"碰撞体"，如图 14-1 所示。

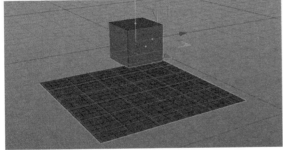

图 14-1

单击"向前播放"按钮 ▷，立方体就会模拟刚体在重力的影响下掉落在平面上，如图 14-2 所示。

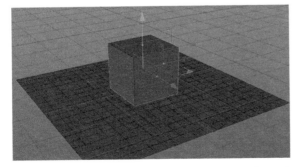

图 14-2

单击"刚体"标签，在"动力学"选项中的激发模式有"立即""在峰速""开启碰撞""由 XPresso"4 种，第 4 种模式是在表达式的基础上完成的，工作中用得不是很多，本书不做讲解。下面重点讲解前 3 种模式，如图 14-3 所示。

立即：代表开始动画时，几何体就会模拟刚体立即产生效果。

在峰速：作用是在几何体有位移动画时才会触发刚体效果。例如，创建球体和平面，将球体放在平面的上方，并保持

图 14-3

一段距离；用鼠标右键单击球体，在弹出的菜单中选择"刚体"；然后用鼠标右键单击平面，在弹出的菜单中选择"碰撞体"；单击"刚体"，将"激发"模式改为"在峰速"，如图 14-4 所示。

图 14-4

如果直接单击"向前播放"按钮，小球是没有任何效果的，需要给小球设置位移动画。小球在 0 帧时，在 z 轴添加一个关键帧；将滑块移动到 20 帧时，将坐标 p.z 设置成 10cm，再添加一个关键帧；单击"向前播放"按钮时，小球就会在移动的过程中下落来模拟刚体运动，如图 14-5 所示。

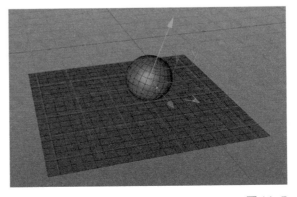

图 14-5

开启碰撞：在受到碰撞时，才会开启动力学。例如，创建立方体，单击鼠标右键，在弹出的菜单中选择"新增标签 > 模拟标签 > 刚体"，将刚体的"激发"模式改为"开启碰撞"，如图 14-6 所示。创建立方体，添加刚体标签，将"激发"模式改为"立即"，如图 14-7 所示。将激发模式为"立即"的立方体放在开启碰撞刚体的上方，单击"向前播放"按钮，可以看到，在刚体下落碰到激发模式为开启碰撞的刚体时，下方的立方体才会模拟刚体向下落，如图 14-8 所示。

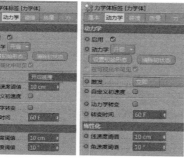

图 14-6　　　　　图 14-7

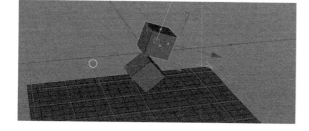

图 14-8

自定义初速度：勾选该选项后会有"初始线速度"和"初始角速度"选项，作用是为刚体添加一个移动和旋转的力，激发刚体时，能移动或者旋转。例如，将"初始线速度"设置为 0cm、0cm 和 200cm，其他保持不变，单击"向前播放"按钮，立方体在 z 轴方向上移动并且下落，如图 14-9 所示。

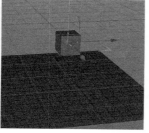

图 14-9

再将"初始角速度"设置为 100°、0°和 0°，单击"向前播放"按钮，立方体在 x 轴旋转的基础上向 z 轴移动并且下落，如图 14-10 所示。

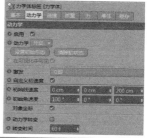

图 14-10

转变时间：代表物体由动力学物体转换成普通物体需要的时间。例如，60F 代表在 60 帧内转换完成。

动力学转变：代表转换过程中是否还保持动力学的属性。例如，创建立方体，添加刚体标签；创建平面，添加碰撞体标签；创建克隆，将立方体作为放置于克隆的下方；将克隆的"数量"设置为 9，为克隆添加随机效果器；0 帧时，在动力学"开启"选项上添加关键帧；将滑块移至 15 帧，关闭动力学，再添加一个关键帧；单击"向前播放"按钮，可以看到，克隆的立方体会模拟刚体下落，然后回到原来的样子，但是在此过程中立方体会穿插在平面上，如图 14-11 所示。

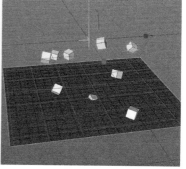

图 14-11

如果勾选"动力学转变"，就不会出现穿插的现象，代表转换过程中还保持动力学刚体的属性，如图 14-12 所示。

"复合碰撞外形"代表立方体和球体成为一个整体向下落，如图 14-14 所示。

图 14-12

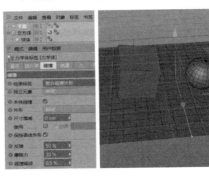

图 14-14

14.2 刚体碰撞选项

继承标签：有"无""应用标签到子级""复合碰撞外形"3 个类型。最常用的是"应用标签到子级"，作用是将刚体的属性应用到子级上，而子级物体不需要添加刚体属性。

例如，创建立方体和球体，将球体作为子级放置于立方体的下方；用鼠标右键单击立方体，在弹出的菜单中选择"新增标签 > 模拟标签 > 刚体"；创建平面，为平面添加碰撞体；将"刚体碰撞"选项中的"继承标签"设置为"应用标签到子级"，单击"向前播放"按钮，两个物体就会同时下落至平面上，都具有刚体的属性，如图 14-13 所示。

独立元素：有"顶层""第二阶段""全部"3 种类型，作用是让运动图形的物体单独具有动力学属性。例如，创建运动图形文本，输入 CINEMA 4D 和 ABC DE 字样，两排显示，并创建平面，如图 14-15 所示。

图 14-15

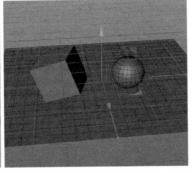

图 14-13

用鼠标右键单击文字，在弹出的菜单中选择"新增标签 > 模拟标签 > 刚体"；再用鼠标右键单击平面，在弹出的菜单中选择"碰撞体"；单击"向前播放"按钮，文字就会整体下落至平面上，如图 14-16 所示。

图 14-16

如果将"独立元素"设置为"顶层",播放时，上下两行文字会单独分开，如图 14-17 所示。

图 14-17

将"独立元素"设置为"第二阶段"，播放时，带有空格的文字及上下两行的文字会单独分开，如图 14-18 所示。

图 14-18

将"独立元素"设为"全部"时，每个字母都会单独分开，如图 14-19 所示。

图 14-19

本体碰撞：勾选"本体碰撞"，可以避免动力学物体出现交叉。

外形：为更加方便查看，按快捷键 Ctrl+D 调出工程设置，在动力学的"可视化"选项中，勾选"启用"，场景中字母的黄色选框就代表外形，如图 14-20 所示。

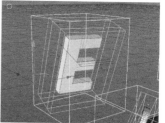

图 14-20

外形中比较常用的有"自动""方盒""静态网格""动态网格""另一对象"，如图 14-21 所示。

图 14-21

外形的作用是计算刚体是以怎样的外形进行运动的。例如，创建球体，添加刚体，选择"刚体碰撞"选项，将"外形"设置为"方盒"，向前播放动画时，球体就会按方盒的形式而不是球体进行计算，如图 14-22 所示。

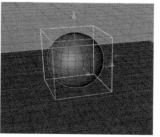

图 14-22

"自动"的含义是外形将自动匹配合适的外形进行刚体的运动计算。还是以球体为例，将"外形"设置为"自动"，向前播放动画时，就会按球体的方式运动，如图 14-23 所示，这也是最常用的一种方式。

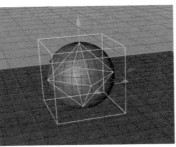

图 14-23

静态网格：这个外形适合比较复杂的模型。例如，创建球体，转换为可编辑对象，切换成"边"模式，并删除 1/2 的面，如图 14-24 所示。

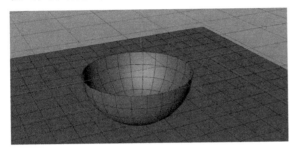

图 14-24

选择模型，单击鼠标右键，在弹出的菜单中选择"创建标签 > 模型标签 > 刚体"；创建立方体，将"大小"设置为 35cm，添加刚体标签，置于半球体的上方；如果让立方体掉入半球体内，将"外形"设置为"自动"，向前播放动画，系统会根据整个球体来进行外形计算，不能达到想要的效果，如图 14-25 所示。

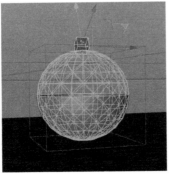

图 14-25

将"外形"改为"静态网格"，向前播放动画时就会实现想要的效果，如图 14-26 所示。

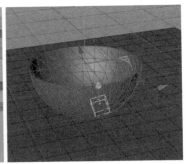

图 14-26

因为是静态网格，所以半球体是静止的。如果将"外形"改为"动态网格"，半球体会和立方体一起运动，立方体可以掉入半球体中，如图 14-27 所示。

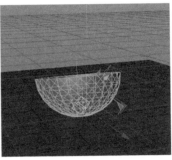

图 14-27

另一对象：代表刚体可以按指定的几何体外形进行刚体运动。例如，创建球体，添加刚体，将"外形"改为"另一对象"；创建胶囊，将胶囊拖曳至外形下的"对象"选框中；向前播放动画时，球体就会按胶囊外形进行刚体运动，如图 14-28 所示。

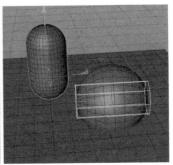

图 14-28

尺寸增减：作用是将外形向外扩展或者向里收缩。例如，将"外形"设置为"方盒"、

"尺寸增减"设置为 10cm，代表方盒外形增大 10cm，计算时会按增大后的方盒进行计算。保持柔体外形，通常情况下都是勾选的状态。

反弹、摩擦力和碰撞噪波：比较好理解，可以调整数值，向前播放动画，对比效果以加深理解。

14.3 刚体中的力选项

跟随位移和跟随旋转：这两个选项可以理解为刚体与刚体之间的吸收力，是互相跟随的力。例如，创建球体和克隆，将球体作为子级放置于克隆的下方，将克隆的"模式"改为"放射"、"半径"设置为 350cm、"数量"设置为 20，如图 14-29 所示。

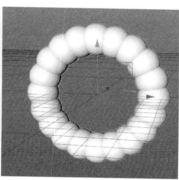

图 14-29

为球体添加刚体，如果直接向前播放动画，球体就会炸开（因为是刚体且有穿插），如图 14-30 所示。

图 14-30

如果将"跟随位移"和"跟随旋转"都设置为 20，在播放时球体与球体之间就会互相吸附，如图 14-31 所示。

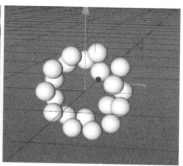

图 14-31

线性阻尼和角度阻尼：代表对刚体的阻力。例如，创建胶囊，添加刚体标签。因为刚体默认会受到重力的影响向下落，如果将"线性阻尼"设置为 200%，在向前播放动画时，胶囊就会静止不动，如图 14-32 所示。

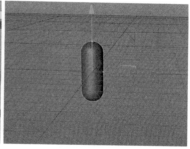

图 14-32

再创建平面，添加碰撞体，将胶囊的"角度阻尼"设置为 100%、"线性阻尼"改为 0%，向前播放动画，当胶囊落至平面时，不会像正常情况一样，而是直立在平面上，如图 14-33 所示。

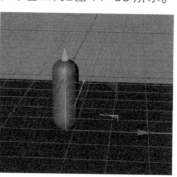

图 14-33

力模式：如果要受到力的影响，必须将"模式"改为"包含"，然后将力拖曳至力列表的选框中，刚体会受到 Cinema 4D 自带的 8 种力的影响。空气动力学中的选项比较好理解，本书不做讲解。读者可以改变数值，对比变化，加深理解。

14.4 柔体选项

将刚体中的"柔体"选项设置为"由多边形 / 线构成"，刚体就会变为柔体，而且前面所讲的属性在柔体中都可以使用。模拟柔体，重要前提就是几何体要有足够的分段。如果没有分段，柔体也会变为刚体。例如，创建立方体，添加"新增标签 > 模拟标签 > 柔体"，分段不做变化；创建平面，添加碰撞体，向前播放动画，立方体就会和刚体一样，如图 14-34 所示。

图 14-34

将"分段 X""分段 Y""分段 Z"都设置为 15，单击"向前播放"按钮，立方体就会带有柔体的属性，以此发生变化，如图 14-35 所示。

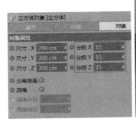

图 14-35

柔体中的所有属性都是对柔体进行细节的调整，此处就讲几个比较重要的数值。

贴图：绘制受影响的区域。例如，创建球体，添加"新增标签 > 模拟标签 > 柔体"；将球体转换为可编辑对象，切换成"点"模式；使用"实时选择工具"，将"模式"改为"顶点绘制"，

就可以绘制受影响的区域。在绘制过程中，会在球体后出现"顶点绘制"的标签，可将其添加到柔体后的"贴图"选框中，如图 14-36 所示。

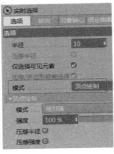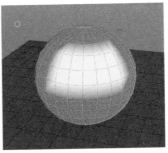

图 14-36

保持外形：调整选项中的数值来模拟篮球的效果，作用是在保持几何体外形的前提下产生柔体的效果。例如，将"硬度"设置为 30，向前播放动画，球体外形没有发生很大的变化，却还会产生柔体的影响，如图 14-37 所示。

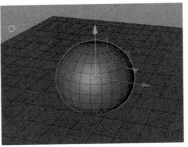

图 14-37

压力：作用是可以让柔体膨胀，工作中也会经常用到。例如，创建立方体，将"分段"设置为 15，单击鼠标右键，在弹出的菜单中选择"新增标签 > 模拟标签 > 柔体"；将"压力"设置为 100、"保持体积"设置为 20，向前播放动画，可以看到立方体会在膨胀后往下落，如图 14-38 所示。其他参数比较好理解，读者可以调整不同参数，对比效果变化，加深理解。

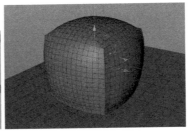

图 14-38

第 15 章
动力学

动力学辅助器包括连结器、驱动器、力和弹簧，使用的前提条件是几何体必须是动力学物体，利用动力学辅助可以制作很多特殊的效果。本章只做简单讲解，读者了解即可，在工作中的某些特殊场景才需要使用。

此外，对 Cinema 4D 自带的粒子系统、Thinking Particles 粒子及 8 种力场进行简单的介绍。本章内容的目的是让读者了解自带粒子系统及 8 种力场的实际运用，虽然在工作中不会经常用到，但学习并掌握了它们，可以在后期学习 Cinema 4D 粒子插件（X-Particle 粒子插件在工作中会经常用到）时更加容易上手。

Cinema 4D 毛发系统在做创意类场景时是相当强大的，简单而且容易呈现效果。

- 动力学辅助器
- 粒子与力场
- 毛发
- 布料

15.1.1 力

① 创建一个立方体，"尺寸X""尺寸.Y""尺寸.Z"都设置为 42，创建克隆，将立方体作为子级放置于克隆的下方，将克隆的"模式"设置为"放射"、"半径"设置为 280cm、"平面"设置为 XZ，如图 15-1 所示，然后创建地面，放置于立方体的下方，如图 15-2 所示。

图 15-1

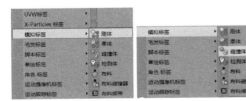

图 15-2

② 用鼠标右键单击图层面板中的立方体，在弹出的菜单中选择"模拟标签 > 刚体"；然后右键单击地面，在弹出的菜单中选择"模拟标签 > 碰撞体"，如图 15-3 所示。

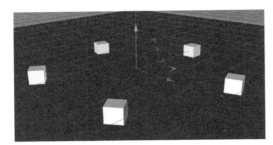

图 15-3

③ 在标题菜单中选择"模拟 > 动力学 > 力"，在对象属性中将"强度"设置为 100cm，单击"向前播放"按钮，立方体就会吸引在一起，就像引力一样，如图 15-4 所示。

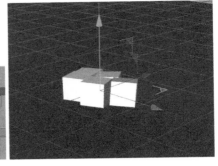

图 15-4

④ 如果将"强度"设置为 –100cm，单击"向前播放"按钮，立方体就会被推开，因此力的作用就是吸引或者推开动力学物体，如图 15-5 所示。

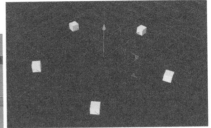

图 15-5

15.1.2 连结器

连结器是辅助器中最重要的工具，作用是连接几何体，让几何体之间产生动力学效果。创建连结器，在对象属性中可以看到，它的类型有铰链、万向节、球窝关节、布娃娃、滑动条、旋转滑动条、平面、盒子、车轮悬挂和固定 10 个类型，每个类型都会添加两个对象，如图 15-6 所示。

图 15-6

铰链：可以控制两个物体做单轴向运动，运动时，轴向一定要调整正确。

① 创建一个连结器，可以看到，它是由两个不同颜色的圆柱体组成的，这两个圆柱体分别控

制两个动力学物体进行旋转操作，创建两个球
体，然后将左侧的命名为球体 B、右侧的命名
为球体 A，并将球体 A 设置为碰撞体、球体 B
设置为刚体。在正常情况下，对象 B 中永远是
放被绑定物体，如图 15-7 所示。

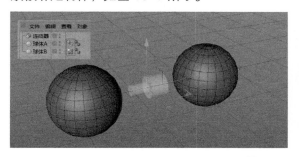

图 15-7

❷ A 固定不动，B 就会下落，
将球体 A 拖曳至对象 A，将
球体 B 拖曳至对象 B，连结
器就会将两个球体连起来，
如图 15-8 所示。

图 15-8

❸ 如果这样设置，单击"向前播放"按钮，不
会有任何变化，因为连结器的轴向是不正确的，
无法进行旋转，将连结器在 x 轴方向上旋转
90°，如图 15-9 所示。

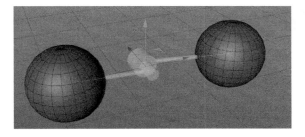

图 15-9

❹ 单击"向前播放"按钮，连接蓝色圆柱的
球体 B 就会沿着连结器的轴心向下移动，如图
15-10 所示。

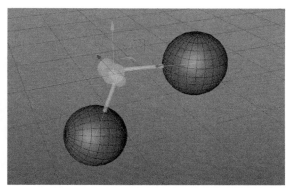

图 15-10

❺ 两个球体会出现穿插现象，解决这种问题只
需要将"忽略碰撞"关闭即可，如图 15-11 所示。
"反弹"代表球体碰撞后的弹力，"角度限制"
代表将角度限制在一定的范围内旋转。

 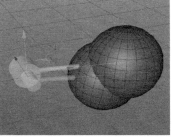

图 15-11

万向节：可以让球体在 3 个轴向上旋转移
动，还是运用铰链的设置，将"类型"改为"万
向节"，如图 15-12 所示。

图 15-12

明显看到轴向是不正确的，将它垂直旋转
90°，单击"向前播放"按钮，运动的球体 B
在碰到球体 A 时，会多方位旋转，而不是和铰
链一样在一个轴向上旋转，如图 15-13 所示。

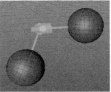

图 15-13

球窝关节：连结器会变成一个球体，球体 B 可以 360° 旋转，如图 15-14 所示。

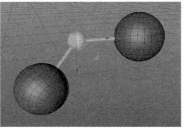

图 15-14

布娃娃：形状和球窝关节一样，不同的是，在球窝关节的基础上加了一定的限制范围，球体 B 只能在这个限制范围内移动，如图 15-15 所示。

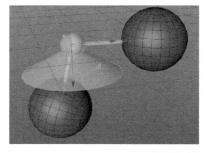

图 15-15

滑动条：旋转滑动条，平面和盒子属于一种类型，可以限制长度，作用都是将物体放在一个特定的滑动条上移动。例如，选择"模拟 > 粒子 > 风力"，将风力的"速度"设置为 100cm，位置移动到球体 B 的后方，如图 15-16 所示。

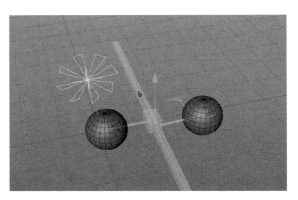

图 15-16

单击"向前播放"按钮，蓝色绑定的球体 B 就会沿着滑动条移动，"低限 Z"和"高限 Z"可以设置滑动条的长度，如图 15-17 所示。

图 15-17

旋转滑动条：将滑动条的形状变为圆柱体，同样的设置，单击"向前播放"按钮，球体 B 会进行下摆旋转操作，如图 15-18 所示。

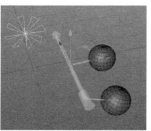

图 15-18

平面：连结器的形状会多出一条灰色的滑块，球体 B 可以在灰色滑块上移动。例如，将风力 x 轴旋转 30°，其他保持不变，单击"向前播放"按钮，球体会在灰色滑块上移动，如图 15-19 所示。

图 15-19

盒子: 在平面的基础上多出一个灰色滑块, 球体可以在两个灰色滑块上移动, 如图 15-20 所示。

图 15-20

固定: 将两个物体固定在一起, 可以配合其他连结器类型使用。

车轮悬挂: 在工作中主要针对车轮进行操作, 一般要配合驱动器来使用。驱动器的作用是旋转车轮, 使车轮的运动效果更加真实。创建车轮悬挂, 会出现弹簧图标, 动力学物体下落时会受到弹簧的影响。例如, 创建立方体和球体, 创建车轮悬挂, 连结器会出现一个弹簧, 单击"连结器", 有对象 A 和对象 B 两个选项, 同样的操作, 将立方体设置为"碰撞体", 将球体设置为"刚体", 将球体放置于对象 B 中, 将立方体放在球体 A 中, 单击"向前播放"按钮, 球体向下运动, 并且受到弹簧的影响, 如图 15-21 所示。

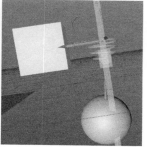

图 15-21

15.1.3 驱动器

驱动器有 3 个类型, 分别是"线性""角度""线性和角度", 如图 15-22 所示。其中最重要的就是角度, 作用是旋转动力学物体。创建驱动器, 场景中会出现蓝色图标和黄色图标, 单击驱动器, 属性面板中的对象 A 和对象 B 分别控制动力学物体是按正时针旋转(黄色图标)还是按逆时针旋转(蓝色图标)。例如, 创建球体和平面, 将平面设置为"碰撞体", 将球体设置为"刚体", 创建驱动器, 将球体放置于驱动器的对象 A 选框中, 单击"向前播放"按钮, 球体就会在平面上滚动, 如图 15-23 所示。

图 15-22

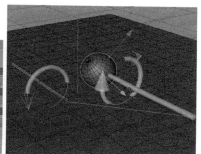

图 15-23

经常用驱动器模拟车轮旋转效果。

❶ 拖入 Cinema 4D R18 预置模型, 分别为车轮和车身添加"刚体", 如图 15-24 所示。

图 15-24

❷ 分别给 4 个车轮添加连结器, 车轮悬挂、旋转方向一定要正确, 将车轮放置于对象 B 中, 将车身放置于对象 A 中, 向前播放时, 车身会

压在车轮上，所以，将连结器的"悬挂硬度"设置为 50，如图 15-25 所示。

图 15-25

❸ 向前播放时，车身会跳跃，说明车身太重了，将车身的"使用"改为"自定义质量"，将"质量"设置为 0.1，再向前播放，就会非常自然，如图 15-26 所示。

图 15-26

❹ 分别为 4 个车轮添加驱动器，将车轮分别放置于每个驱动器的对象 A 中，将"扭矩"设置为 20，扭矩代表控制旋转的速度。放置于合适的位置，向前播放时，车子会向前行驶，如图 15-27 所示。

图 15-27

15.1.4 弹簧

弹簧的作用是将两个动力学物体以弹簧的形式连结起来。它的类型有 3 种，分别是"线性""角度""线性和角度"。

"线性"代表普通的直线弹簧，如图 15-28 所示。

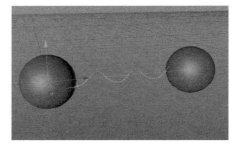

图 15-28

"角度"代表旋转的弹簧。例如，创建球体和立方体，将立方体设置为"碰撞体"，将球体设置为"刚体"，创建弹簧，将球体和立方体分别放置于对象 A 和对象 B 中，将弹簧的"类型"设置为"角度"，创建连结器，将球体和立方体分别放置于连结器的对象 A 和对象 B 中，单击"向前播放"按钮，小球会因为弹簧的原因在立方体上旋转碰撞，如图 15-29 所示。

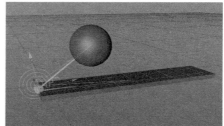

图 15-29

如果将"类型"改为"线性和角度"，会在球体和立方体之间再连结一个弹簧，如图 15-30 所示。

图 15-30

"静止长度"代表弹簧的弹力值，长度越小，弹簧的弹力越大，反之则弹力越大。

"硬度"代表弹簧的硬度，"阻尼"代表弹簧的反弹程度。其他参数读者可以自行调整，对比变化加深理解。

15.2 粒子与力场

15.2.1 自带粒子系统

单击菜单栏中的"模拟 > 粒子 > 发射器"，就会在场景中看到一个白色的方框，这就是粒子的发射器，任何粒子系统都有发射器，单击"向前播放"按钮，就会发射粒子，如图 15-31 所示。

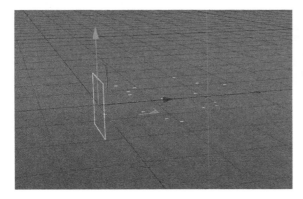

图 15-31

粒子发射器对象面板中有基本、坐标、粒子、发射器和包括5个选项。其中，"粒子"可以调节发射器粒子的速度、大小和生长等多个属性；"发射器"可以调节类型、尺寸和角度等，如图 15-32 所示。

图 15-32

编辑器和渲染器生成比率：增加粒子的发射数量。需要注意，编辑器生成比率只会显示在场景中的粒子数量，并不能代表最终渲染的数量，而渲染器生成比率才是最终渲染的效果。

可见：代表粒子是否全部显示，100% 代表全部显示，50% 代表显示 50% 的粒子，如图 15-33 所示。

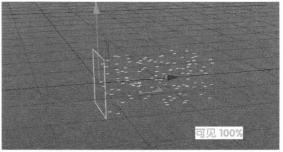

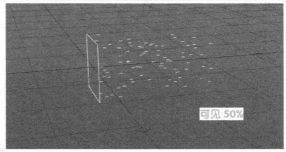

图 15-33

投射起点和投射终点：代表可见的范围。例如，将"投射终点"设置为 30F，代表粒子将在 0~30 帧显示，30 帧后将不再发射粒子，如图 15-34 所示。

图 15-34

别设置为 6cm，将立方体作为子级放置于发射器的下方，勾选"显示对象"，单击"向前播放"按钮，发射器就会发射立方体，如图 15-37 所示。

生命和变化："生命"代表粒子的生命值，"变化"代表生命的随机值。例如，将"生命"设置为 40F、"变化"设置为 20%，代表粒子运动到 40 帧时，将有 20% 的粒子随机消失，如图 15-35 所示。

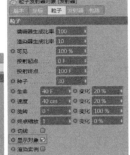

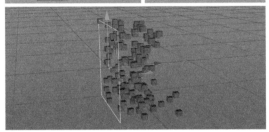

图 15-37

图 15-35

也可以在发射器下方放置多个几何体。例如，创建球体，大小为 6cm，将球体作为子级放置于发射器的下方，如图 15-38 所示。

速度和变化："速度"代表粒子的发射速度，"变化"代表速度的随机值。例如，将"速度"设置为 40cm，将"变化"设置为 20%，效果如图 15-36 所示。

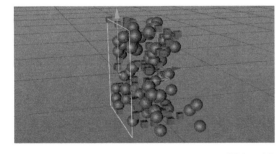

图 15-38

种子：代表发射粒子种类的随机值。例如，将一个种子大小设置为 30、另一个种子大小设置为 100，向前播放，如图 15-39 所示。

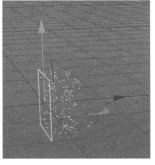

图 15-36

显示对象：粒子是不能被直接渲染的，需要实体化才能被渲染。例如，创建立方体，将立方体的"尺寸.X""尺寸.Y""尺寸.Z"分

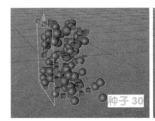

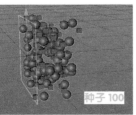

图 15-39

旋转和变化: "变化"代表旋转的随机值。例如，将"旋转"设置为20°、"变化"设置为50%，如图15-40所示。

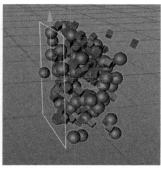

图 15-40

终点缩放和变化: "终点缩放"代表粒子在结束生命时的尺寸，"变化"代表尺寸的随机值。例如，将"终点缩放"设置为0，如图15-41所示。

切线: 粒子可以根据切线方向进行改变，一般不会用到，只做了解使用。

渲染实例: 可以让粒子渲染得更快。

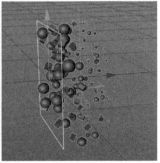

图 15-41

下面看一看发射器的具体属性。

发射器类型: 有"角锥"和"圆锥"两种。"角锥"发射器可以让粒子多方位发射，而"圆锥"只能在水平方向发射。

水平尺寸和垂直尺寸: 可以调节发射的长度和宽度。

水平角度和垂直角度: 可以调节发射器的角度。例如，将"水平角度"设置为360°、"垂直角度"设置为90°，单击"向前播放"按钮，如图15-42所示。

图 15-42

包括: 用力场来影响粒子的发射。例如，单击"模拟 > 粒子 > 重力"，单击"包括"，将重力拖至"修改"对话框中，单击"向前播放"按钮，粒子就会受到重力的影响下落，如图15-43所示。

图 15-43

15.2.2 Thinking Particles 粒子

Thinking Particles 粒子在 Cinema 4D 中也是非常强大的，但是由于它比较复杂，需要多节点编辑，因此渐渐被 Cinema 4D 粒子插件 X-Particle 粒子替代。Thinking Particles 粒子在本书只做简单介绍。

Thinking Particles 粒子需要配合 Cinema 4D 的 XPresso 使用。XPresso 是 Cinema 4D 中的表达式，作用是更方便快捷地使用软件、比较、创建空白对象来作为 XPresso 的载体，右键单击空白对象，在弹出的菜单中选择"Cinema 4D 标签 >XPresso"，弹出 XPresso 编辑器，如图15-44所示。

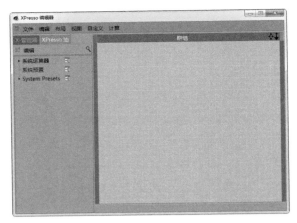

图 15-44

❶ 在 XPresso 编辑菜单左侧选择"系统运算器 >Thinking Particles>TP 生成器 > 粒子风暴",将它拖至右侧的"群组"对话框中,右下角的对象属性中有发射器的属性,单击"向前播放"按钮,场景中会出现圆形发射器发射粒子,如图 15-45 所示。

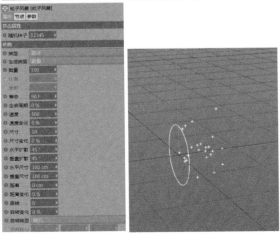

图 15-45

❷ 单击"模拟 >Thinking Particles>Thinking Particles 设置",在弹出的对话框中,用鼠标右键单击"全部",在弹出的菜单中选择"添加",就会添加一个群组,将群组的颜色改为绿色,如图 15-46 所示。

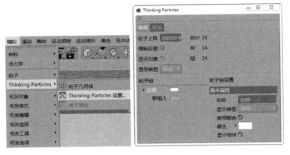

图 15-46

❸ 用鼠标右键单击 XPresso 的群组编辑面板,在弹出的菜单中选择"Thinking Particles>TP 标准项 > 粒子群组",将群组 1 拖曳至粒子群组的选框中,如图 15-47 所示。

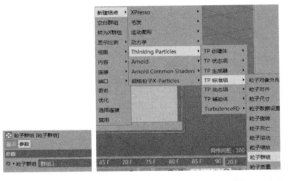

图 15-47

❹ 单击粒子风暴的红色出点,设置为粒子生成,并连结粒子群组的入点,向前播放,粒子就会改变成绿色,如图 15-48 所示。

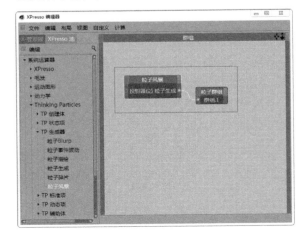

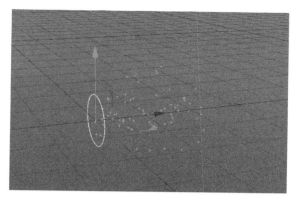

图 15-48

⑤ 还需要将粒子实体化才能进行渲染。创建球体，保持默认大小，转换为可编辑对象，创建节点，选择"Thinking Particles>TP 标准项 > 粒子对象外形"，在右侧的对象属性中，将球体拖至"对象"选框中，创建模拟菜单下 Thinking Particles 中的粒子几何体，将群组 1 拖曳至粒子群组中，将粒子风暴的出点连结到粒子对象外形的入点，向前播放，粒子就会被实体化，如图 15-49 所示。

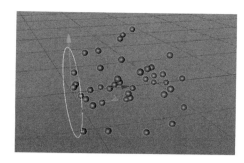

图 15-49

基本设置完成，但是可以看到，这样普通的效果还需要设置很多节点，在工作中会大大降低工作效率，所以 Thinking Particles 粒子只作为了解使用。

15.2.3 8 种力场

力场不仅可以控制粒子，也可以控制动力学物体。Cinema 4D 设置了 8 种力场，有引力、反弹、破坏、摩擦、重力、旋转、湍流和风力，如图 15-50 所示。

图 15-50

1. 引力

吸收粒子及动力学物体。例如，创建发射器和引力，将引力拖曳至发射器"包括"模式的"修改"框中，将"强度"设置为 100，单击"向前播放"按钮，粒子就会向引力的方向移动，如图 15-51 所示。

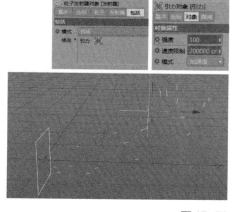

图 15-51

2. 反弹

反弹粒子。创建反弹后，会出现一个平面，将平面放置于发射粒子的前方，粒子在碰到反弹平面后，就会被反弹回来，如图 15-52 所示。

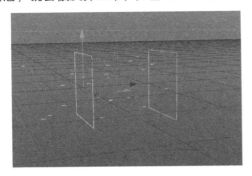

图 15-52

3. 破坏

在特定范围内让粒子消失。创建破坏，就会出现立方体的框，发射粒子在通过立方体时消失，如图 15-53 所示。

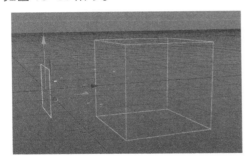

图 15-53

4. 摩擦

将粒子运动到一定范围就会受摩擦影响，运动变慢，如图 15-54 所示。

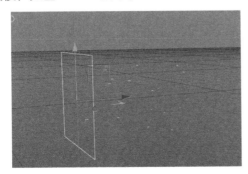

图 15-54

5. 重力

粒子运动时，会受重力影响下落，如图 15-55 所示。

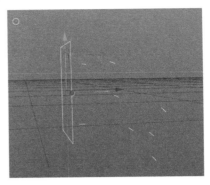

图 15-55

6. 旋转、湍流和风力

这 3 种类型都是让粒子受到旋转影响。创建风力，会出现风扇的形状，可以将粒子吹走，如图 15-56 所示。

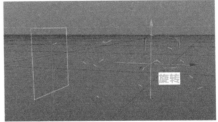

图 15-56

力场还可以针对动力学物体。例如，创建立方体，转换为可编辑对象；创建平面，将立方体放置于平面的上方，将立方体设置为"刚体"，而平面设置为"碰撞体"；创建风力，z 轴正对立方体，单击"向前播放"按钮，立方体被风吹动，并在平面上移动，如图 15-57 所示。

图 15-57

力场中还有一个重要概念——衰减。衰减的默认类型是无限，全部场景都会受到影响。衰减还有其他类型，而不同的类型代表物体受力的影响范围。例如，将"形状"设置为"球体"，代表物体只会在球体的范围内受到力的影响；创建重力，将重力拖曳至发射器"包括"模式的"修改"框内，发射粒子，粒子只有在经过球体范围框时才会下落，如图 15-58 所示。

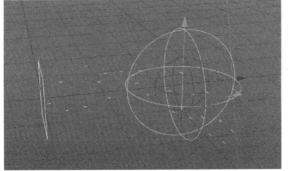

图 15-58

其他具体参数是调节衰减的具体细节，读者可以自行调整数值，对比变化。

15.3 毛发

单击"模拟 > 毛发对象 > 添加毛发"，即可对几何体添加毛发。毛发的属性面板中比较重要的选项有引导线、毛发、生成和影响，这 4 个选项的内容将通过两个小节来做介绍。其他的选项在工作中用得不是很多。

15.3.1 引导线和毛发的重要参数

"链接"代表需要添加毛发的对象。"发根"选项中的"数量"代表场景中显示的引导线数量，而不是代表毛发的数量；"分段"代表引导线的平滑程度；"长度"既代表引导线的长度，也代表毛发的长度，这个需要重点记忆。例如，将"数量"设置为 40、"长度"设置为 20cm，渲染以后，数量没有变化，而长度就是引导线的长度，如图 15-59 所示。

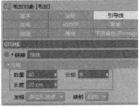

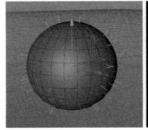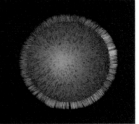

图 15-59

"发根"代表引导线是以何种方式进行生长的。例如，多边形顶点代表以球体的点进行生长，如图 15-60 所示。

211

图 15-60

"数量"代表毛发的数量;"分段"代表毛发的平滑度,是最终渲染效果的分段。

在生长属性中,密度非常重要,作用是用贴图的黑白信息来控制几何体生长毛发的位置。这在工作中也非常常用。例如,创建平面,添加毛发,将毛发的"数量"设置为20000,在密度中贴入一张黑白贴图,渲染当前图像,就会看到黑色的 Cinema 4D 是不生长毛发的,而其他白色的部分有毛发,如图 15-61 所示。

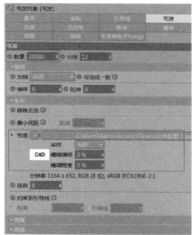

图 15-61

经常用这种方法来制作草坪水洼效果:黑色控制不生长毛发的区域,而白色控制生长毛发的区域。

"克隆"代表在毛发周围复制同样的毛发。将"克隆"改为 5,表面在原有毛发的周围各生成 5 根毛发。

15.3.2 生成和影响选项

"生成"在毛发中是很重要的选项,可以控制毛发的显示方式,类型有样条、平面、三角形、正方形、圆形、实例和扫描 7 种。其中比较重要的是样条和实例,其他类型可以作为了解使用。

样条:代表毛发是以样条的形式来进行显示,既然是样条,肯定具有样条的属性。例如,创建平面,添加毛发,将引导线的"数量"设置为 30、"分段"设置为 10;将毛发中的"发根"设置为"与引导线一致",代表毛发的数量和引导线的数量是一致的;然后将生成的"类型"改为"样条",这时毛发就是一根根样条,如图 15-62 所示。

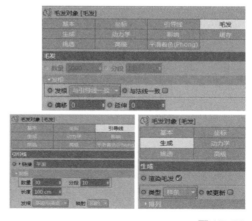

图 15-62

创建扫描和圆环,将圆环和毛发分别放置于扫描的下方,每个毛发就会变成一根圆柱,并且可以制作扫描生长动画,也可以具有毛发的动力学属性,如图 15-63 所示。

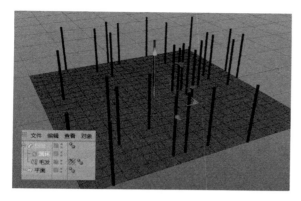

图 15-63

也可以使用克隆的对象。创建平面，将平面放置为 180°，让它的法线方向指向地面；添加毛发，将引导线的"数量"设置为 30，将毛发中的"发根"设置为"与引导线一致"，代表毛发的数量和引导线的数量是一致的；然后将生成的"类型"改为"样条"，这个操作和前面一个案例的操作是一样的，如图 15-64 所示。

图 15-64

创建文本，输入数字 6；然后创建克隆，将克隆的"模式"设置为"对象"，将毛发拖曳至对象中，代表克隆对象会以毛发的引导线的样条进行克隆，如图 15-65 所示。

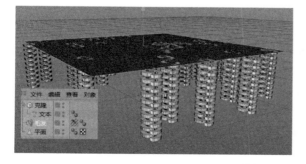

图 15-65

明显地，数量和方向都不正确，需要将"数量"设置为 1、"偏移"设置为 99%，将"旋转 P"的方向设置为 90°，就会出现想要的效果，如图 15-66 所示。

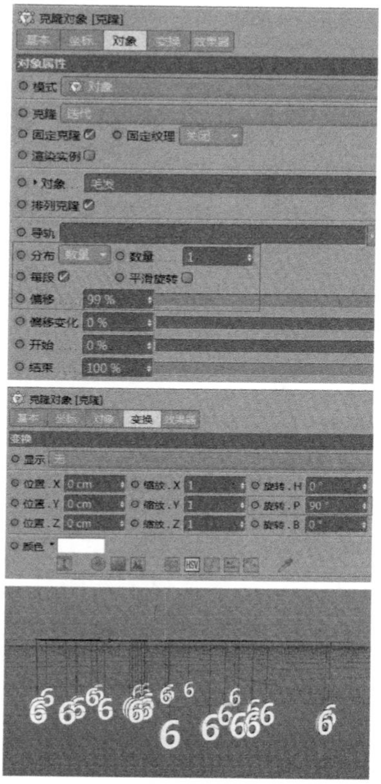

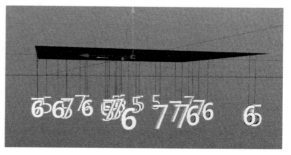

图 15-66

如果想让线条实体化，可以再次创建扫描，用第一种方法将线条实体化，并将平面隐藏，在顶部做一个造型，就可以制作样条挂着数字的效果。如果觉得数字 6 太单调，可以将克隆下方的文本多复制几个，分别改成不同的数字，视觉感官更好，如图 15-67 所示。

图 15-67

实例: 作用是将实体模型绑定到样条上, 原理同样条约束的原理。例如, 将生成的"类型"设置为"实例"; 创建球体, 将球体拖曳至实例"对象"选框中, 球体就会拉伸至引导线上; 为方便观察, 设置"发根"为 20cm、"发梢"为 20cm, 如图 15-68 所示。

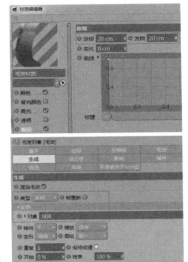

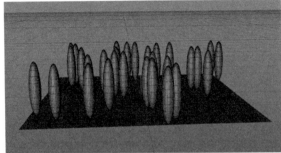

图 15-68

如果将"缩放"设置为"统一", 就只有一个球体绑定在样条上, 如图 15-69 所示。

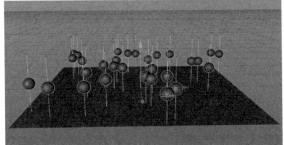

图 15-69

实例中还有一个重要的选项——保持纹理。将其激活, 可以让毛发继承实例物体的材质, 利用这个原理, 可以制作很多特殊的效果。类型, 顾名思义, 可呈现不同的形状。例如, "三角形"是指引导线会呈现出三角形的形状, 如图 15-70 所示。

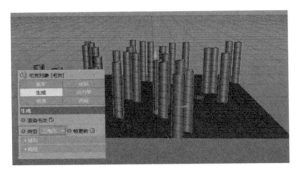

图 15-70

"影响"选项代表可以用 8 种力来影响毛发的运动。例如, 创建风力, 将风力拖曳至毛发"影响"选项的选框内, 将"模式"改为"包括", 单击"向前播放"按钮, 毛发就会沿风力吹的方向运动, 如图 15-71 所示。

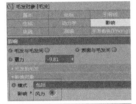

图 15-71

15.3.3 毛发材质系统

添加毛发后, 会自动生成毛发材质球; 双击打开毛发材质编辑器, 常用的属性有颜色、高光、透明和粗细, 如图 15-72 所示。

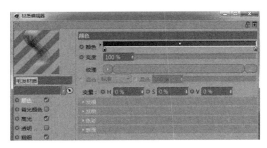

图 15-72

颜色：调节毛发的颜色。在属性面板中，"纹理"可以让毛发继承图片的颜色信息，"发根""发梢"和"色彩"中的"纹理"也是相同的作用。"表面"代表毛发会继承被添加毛发物体的材质颜色信息。例如，创建球体并转换为可编辑对象，添加毛发，为球体添加绿色材质，勾选毛发材质编辑器中"颜色"的"表面"，毛发也会显示为绿色，如图 15-73 所示。

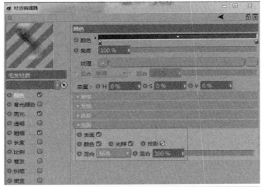

图 15-73

高光：控制毛发的光泽度，调整强度和锐利值可以使毛发显得更加有质感。纹理可以通过贴图来控制毛发的高光区域。

透明：和普通材质中的 Alpha 通道的原理是一样的，也是"黑透白不透"，可以通过黑白贴图来控制毛发的透明度，即哪里显示、哪里消失。

粗细：调整发梢和发根的粗细度，也可以通过绘制曲线的方式来改变毛发的粗细度。

剩下的选项都是为毛发添加细节。例如，卷发代表毛发有散开凌乱的效果。

15.3.4 毛发标签的重点

在毛发标签中，比较重要的标签有"样条动力学""毛发碰撞""约束"，其他标签基本不会用到，本书不做讲解。样条动力学和毛发碰撞就可以想象成刚体和碰撞体的关系，不过，样条动力学是将样条转换为动力学物体，单击"向前播放"按钮，样条受重力的影响下落，而毛发碰撞就相当于碰撞体，也是静止不动的。例如，创建平面并转换为可编辑对象，单击鼠标右键，在弹出的菜单中选择"新增标签 > 毛发标签 > 毛发碰撞"，创建样条文本，转换为可编辑对象，单击右键，在弹出的菜单中选择"新增标签 > 毛发标签 > 样条动力学"，单击"向前播放"按钮，文本就会落到平面上并变形，如图 15-74 所示。

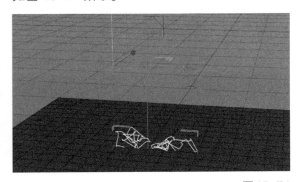

图 15-74

在样条动力学属性面板中，黏滞、半径和硬度等都是对样条的具体细节做调整。其中，"固定点"是一个很重要的属性，作用是固定样条的某些点，和布料中的固定点意思是一样的，工作中经常使用。

在样条动力学面板中可以加入各种力，使样条产生变化。例如，加入风力，样条就会受到风力的影响。

"约束"是毛发标签中最重要的标签，在工作中用到的概率最高，作用是将样条固定在某个物体上。例如，用"画笔"工具绘制一条直线，增加细分数，让样条有足够的细分；单击鼠标右键，在弹出的菜单中选择"新增标签 > 毛发标签 > 约束"，创建两个球体，一个放置于样条的起点，一个放置于终点。选择样条的起点；单击约束"标签"，将起点的球体拖至"标签"的对象选框中，单击"设置"，就会在点与球体之间出现一条黄色的线，说明二者已经约束在一起。

终点也用同样的方法，在样条上再增加一个约束"标签"。选择终点，单击"约束"标签，将终点的球体拖曳至对象选框中，单击"设置"，也会在终点和球体之间出现黄线，单击"向前播放"按钮，样条就会自然下垂，而两端就会被约束在球体上，如图 15-75 所示。

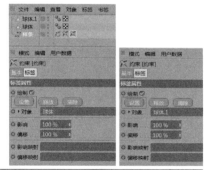

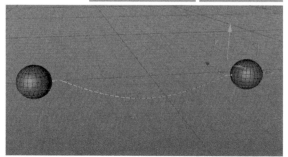

图 15-75

毛发中还有一个不是很重要的功能，即毛发选择和毛发工具，可以选择并修剪毛发，添加毛发后可以梳理、集束或卷曲毛发，如图 15-76 所示。工作中用得不是很多，本书不做详细介绍。

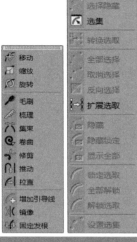

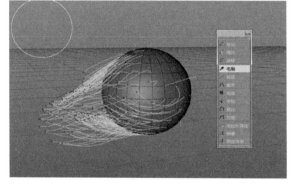

图 15-76

15.4 布料

15.4.1 布料标签

制作布料的前提条件是物体都是可编辑对象，这样才能实现效果。例如，创建球体和平面，将平面放置于球体的上方；右键单击平面，在弹出的菜单中选择"新增标签 > 模拟标签 > 布料"；然后右键单击球体，在弹出的菜单中选择"新增标签 > 模拟标签 > 布料碰撞器"，单击"向前播放"按钮，场景没有任何变化。因此，要将球体和平面都转换为可编辑对象，平面才会模拟布料效果，如图 15-77 所示。

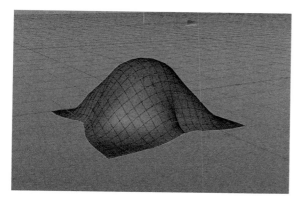

图 15-77

"布料标签"下有许多属性设置，都可以对布料的细节做调整，如图 15-78 所示。

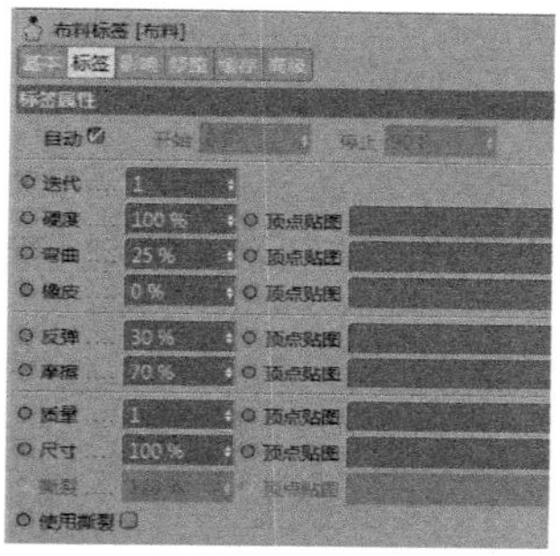

图 15-78

自动：勾选"自动"，表示布料会自动模拟播放；不勾选"自动"；可以设置模拟范围。例如，将"停止"设置为 30F，代表布料只模拟 0~30 帧。

迭代和硬度：都是调节布料的硬度值，"顶点贴图"代表布料受影响的范围。例如，选择平面，切换为"实时选择"工具，选择"点"模式，将"模式"改为"顶点绘制"，选中的点就会变成黄色，如图 15-79 所示。

图 15-79

绘制完成后，可以看到图层面板中的平面后方自动出现一个绘制图标，将图标拖曳至"顶点贴图"中，模拟布料就会受到绘制的影响，如图 15-80 所示。

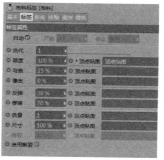

图 15-80

弯曲、橡皮、反弹、摩擦、质量和尺寸：都是对模拟布料进行细节调整，不做详细讲解，读者可以调整不同的数值模拟布料变化。

影响：布料属性自带重力和风力的作用，如图 15-81 所示。

重力：代表所受的重力值，负值是下落，正值是往上升。

黏滞：代表下落或者上升的速度。如果将"黏滞"设置为 100%，那么平面下落得非常慢。

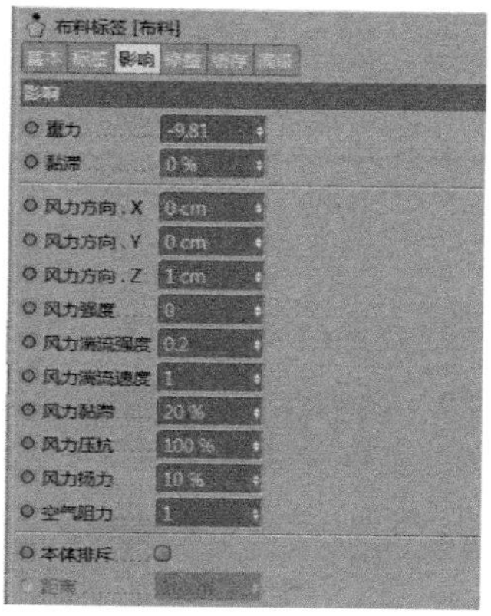

图 15-81

风力可以模拟风吹布料的效果，"风力方向"代表风所吹的方向，"强度"代表风力大小，"湍流速度"代表布料的紊乱程度，其他的数值也是对风力做细节调整，"本体排斥"的目的是让布料的面与面之间没有穿插，如图 15-82 所示。

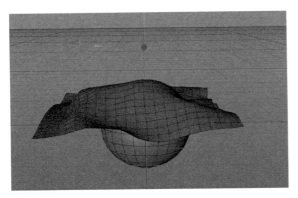

图 15-82

15.4.2 布料修整

"布料修整"有两个重要属性——固定点和缝合，这两个在工作中都非常重要，读者要认真掌握。创建平面，转换为可编辑对象，切换为"点"模式 ，选择最上面的一排点，如图 15-83 所示。

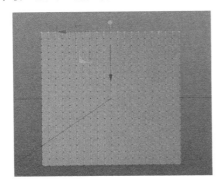

图 15-83

右键单击平面，在弹出的菜单中选择"创建标签 > 模拟标签 > 布料"；选择布料，在"修整"面板中选择"固定点 > 设置"，场景中选中的点就会显示成红色，如图 15-84 所示。

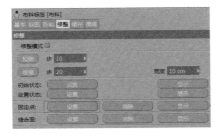

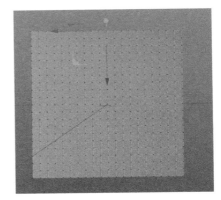

图 15-84

单击"向前播放"按钮，上面选择的点固定不动，其他点会模拟布料效果，将布料"影响"面板中的"风力方向 X"设置为 20cm、"风力强度"设置为 3，向前播放动画，可以用这个方法模拟窗帘吹起的效果，如图 15-85 所示。

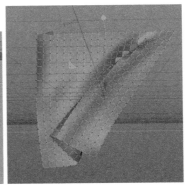

图 15-85

"缝合"针对的是面，经常用作制作枕头和布料文字等。

① 创建立方体，将"尺寸.X""尺寸.Y""尺寸.Z"分别设置为 105cm、60cm 和 16cm，将"分段 X""分段 Y""分段 Z"分别设置为 20、20 和 1，然后将立方体转换为编辑对象，如图 15-86 所示。

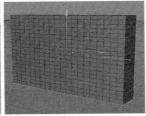

图 15-86

❷ 切换成"多边形"模式，循环选择中间的面，右键单击立方体，在弹出的菜单中选择"新增标签 > 模拟标签 > 布料"，在"修整"面板选项中，单击"收缩"，设置"宽度"为 3cm、"缝合面"为"设置"，出现枕头的形状，如图 15-87 所示。

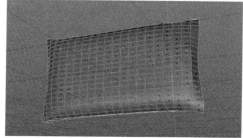

图 15-87

制作布料文字的步骤如下。

❶ 创建一个样条文本，输入 H，"字体"选择"微软雅黑"和"Bold"；创建挤压，将文本作为子级放置于挤压的下方，设置"移动"为 0cm、0cm和 50cm，如图 15-88 所示。

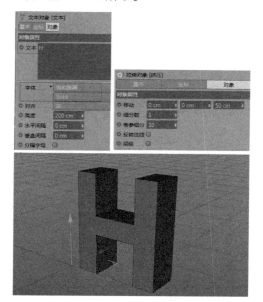

图 15-88

❷ 直接做布料文字会出现错误，因为文字的分段太少，所以要增加文字的分段。将样条文字的"点插值方式"改为"自然"、"数量"设为 20，单击挤压的"封顶"选项，将"类型"设置为"四边形"，勾选"标准网格"，再将"宽度"设置为 3cm，如图 15-89 所示。

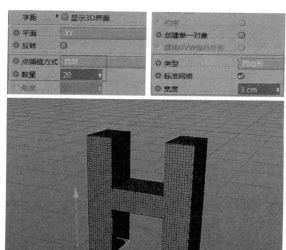

图 15-89

❸ 选择全部的挤压及子级，单击鼠标右键，在弹出的菜单中选择"连接对象 + 删除"，将它合成一个整体；选择文字，单击鼠标右键，在弹出的菜单中选择"新增标签 > 模拟标签 > 布料"，切换成"点"模式；选中所有的点，单击鼠标右键，在弹出的菜单中选择"优化"，让点都融合，切换成"多边形"模式，循环选择 H 中间的面，如图 15-90 所示。

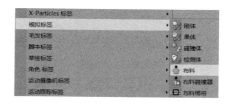

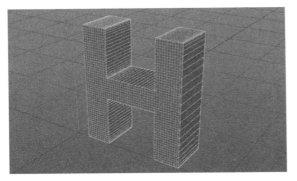

图 15-90

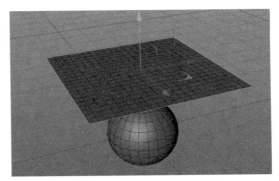

图 15-92

④ 选择"布料标签",在"修整"选项中,单击"收缩",将"宽度"设置为5cm,单击"缝合面 > 设置",布料文字制作完成,如图15-91所示。

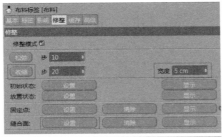

 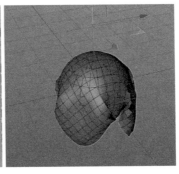

图 15-93

勾选"使用撕裂",单击"向前播放"按钮,就会有撕裂的效果,但是效果不正确,如图15-94所示。

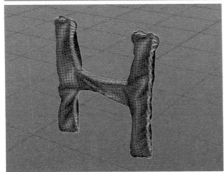

图 15-91

15.4.3 使用撕裂与布料曲面

"使用撕裂"是布料中很重要的一个选项,作用就是为布料制作撕裂效果。

例如,创建球体和平面,将球体和平面转换为可编辑对象,将平面置于球体的上方;右键单击平面,在弹出的菜单中选择"新增标签 > 模拟标签 > 布料";右键单击球体,在弹出的菜单中选择"新增标签 > 模拟标签 > 布料碰撞器",不勾选"使用撕裂",直接播放动画,效果如图15-92和图15-93所示。

 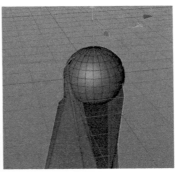

图 15-94

造成这种错误的原因是面没有厚度,需要给面增加厚度,这时就会用到"布料曲面"。创建布料曲面,将平面作为子级放置于布料曲面的下方,将布料曲面的"厚度"设置为1cm,单击"向前播放"按钮,如图15-95所示。

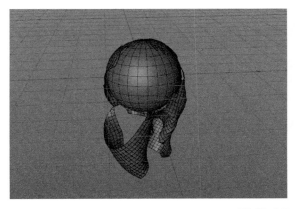

图 15-95

利用这种方法就可以制作文字撕裂效果。例如，制作一个撕裂的字母 H，选择"模拟 > 粒子 > 引力"，设置"强度"为 500、"衰减"为"球体"；选择"模拟 > 布料 > 布料曲面"，将"厚度"设置为 0.1cm，将 H 作为布料曲面的子级放置于下方；单击"向前播放"按钮，将衰减的球体移动至字母 H 时，H 就会出现撕裂效果，如图 15-96 所示。

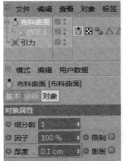

图 15-96

15.4.4 布料绑带

布料里还有一个重要选项——布料绑带。在平面上单击鼠标右键，在弹出的菜单中选择"新增标签 > 模拟标签 > 布料绑带"，作用是将布料绑定在另一个物体上。例如，创建平面，垂直旋转 90°，然后创建圆柱体，将圆柱体的"半径"设置为 24cm、"高度"设置为 410cm，置于平面的上方，如图 15-97 所示。

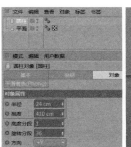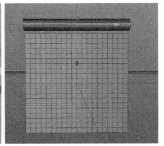

图 15-97

将圆柱体转换为可编辑对象，右键单击平面，在弹出的菜单中选择"新增标签 > 模拟标签 > 布料"，然后选择"新增标签 > 模拟标签 > 布料绑带"，单击布料绑带，将圆柱体拖曳至布料绑带的"绑定至"选框中，如图 15-98 所示。

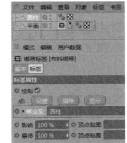

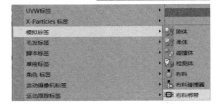

图 15-98

选择平面，切换成"点"模式，选择最上面的一排点，单击布料绑带的"点 > 设置"，最上面的点和圆柱体之间有黄色的线连接，表示平面和圆柱就连接到一起了，如图 15-99 所示。

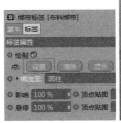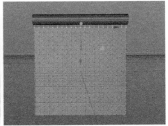

图 15-99

单击"向前播放"按钮 ▷，移动圆柱体，平面也会跟着移动，如图 15-100 所示。

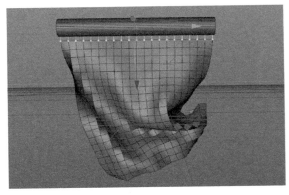

图 15-100

利用这种方法可以制作披风效果、给圆柱体添加变形器。例如，添加一个扭曲变形器形成披风的效果，如图 15-101 所示。

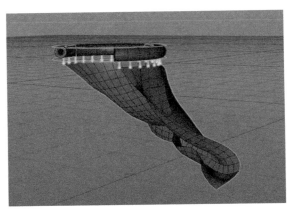

图 15-101

布料绑带与固定点相比，可操作性更强，所以在制作具体场景时，要根据不同的情况选择最合适的方法。

第 16 章
运动图形和效果器

Cinema 4D 的运动图形模块非常强大,是其他三维软件无法比拟的。
本章将重点介绍 Cinema 4D 的运动图形模块。运动图形 (绿色的)
永远是作为父级来使用的。

效果器经常配合运动图形来使用, 以此达到一些特殊的效果。效果器
是作为子级来使用的,类型有 17 种,分别是群组、简易、COFFEE、延迟、
公式、继承、推散、Python、随机、重置效果器、着色、声音、样条、步幅、
目标、时间和体积。工作中经常用到的有简易、延迟、继承、随机、着色、
样条和步幅, 其他效果器在本章中只做简单介绍。

· 运动图形
· 效果器

16.1 运动图形

16.1.1 克隆

克隆的作用是将一个物体复制多个，以不同的模式来进行排列。

例如，创建立方体，将立方体作为子级放置于克隆的下方，选择"运动图形 > 克隆"，在对象属性面板中可以看到5种模式，分别是对象、线性、放射、网格排列和蜂窝阵列，如图16-1所示。

图16-1

1. 线性模式

线性模式代表物体以直线方式排列复制。

"克隆"的方式有4种，分别是迭代、随机、混合和类别。

迭代：根据物体的排列方式来克隆。例如，在立方体的基础上，创建球体、圆锥和宝石，全部作为子级放置于克隆的下方，将克隆"数量"设置为4、"位置.Y"设置为240cm，如图16-2所示。克隆几何体的排列方式和场景中的排列方式是一致的，数量再多也是按照这种排列方式来复制，这就是迭代的作用。

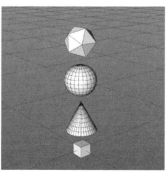

图16-2

随机：排列方式是随机排列，没有顺序性，可以通过种子数来改变物体的排列方式。

混合：以渐变的方式进行排列。例如，将其他几何体全部删除，只留下球体，创建一个球体作为子级放置于克隆的下方，将两个球体的"半径"分别设置为100cm和40cm，将"克隆"的方式更改为"混合"，将"数量"设置为4，克隆的排列方式会从一个小球逐渐变换成一个大球，如图16-3所示。

图16-3

利用这种混合方式，不只可以复制几何体，还可以复制灯光。例如，创建两个灯光，颜色分别设置为红色和蓝色，勾选"可见"，将两个灯光作为子级放置于克隆的下方，将"克隆"的方式更改为"混合"，渲染以后，灯光就会出现渐变效果，如图16-4所示。

图16-4

类别：只显示克隆下的第一个子物体。例如，将立方体、球体、圆锥和宝石作为子级放置于克隆的下方，将"克隆"方式更改为"类别"，就会克隆第一个立方体，其他没有被克隆，这个模式用得较少，如图16-5所示。

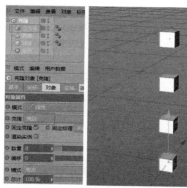

图 16-5

图 16-7

固定克隆：勾选以后移动子物体，克隆不会移动；不勾选选项并移动子物体，克隆物体会跟随移动。

固定纹理：打开选项，纹理会固定在物体上，物体运动时，不会跟随物体移动。一般保持默认关闭状态。

渲染实例：可以提高运行速度。

数量和偏移：增加克隆物体的数量和移动克隆物体。

模式：分为"每步"和"终点"。"每步"代表起点是固定的，只能向起点的反方向增加数量，而起点不会变化。"终点"代表两端点是固定的，增加数量只会在中间增加，而两端是固定不动的。例如，创建两个克隆，将克隆的"数量"设置为8、"位置 .Y"设置为240cm，分别设置"模式"为"每步"和"终点"，可以明显看到变化，如图16-6和图16-7所示。

位置和缩放：属性的数值在克隆线性模式中非常重要，也是使用率最高的，含义是将被克隆的物体，以特定的位置和缩放来进行有规则的复制。例如，创建立方体，将立方体作为子级放置于克隆的下方，将"位置 .X""位置 .Y""位置 .Z"分别设置为 180cm、220cm 和 0cm，即克隆的物体在 x 轴方向上移动了 180cm、在 y 轴方向上移动 220cm、在 z 轴方向上没有移动，通过设置不同的数值显示不同的排列方式，如图 16-8 所示。

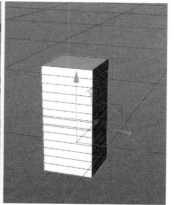

图 16-6

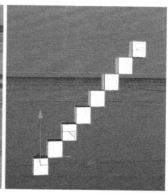

图 16-8

步幅：代表被克隆的物体的旋转数值，"步幅模式"有"单一值"和"累积"。"单一值"代表物体会整体旋转，而"累积"是按照一定的规律旋转，这个选项在工作中一般不会用到，如图16-9所示。

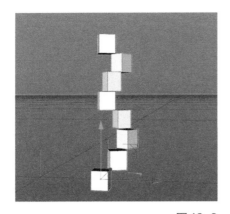

图 16-9

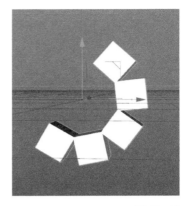

图 16-11

2. 放射模式

克隆物体以圆的路径进行复制，例如，将原先的场景克隆"模式"更改为"放射"，立方体就会以圆的路径排列，如图 16-10 所示。

图 16-10

数量：代表立方体被克隆的数量。

半径：代表圆的路径大小。

平面：代表圆的方向。

开始角度和结束角度：代表被克隆物体沿圆的路径运动的角度。例如，将"开始角度"设置为 210°、"结束角度"设置为 0°，克隆的立方体向圆的开始方向运动了210°，如图 16-11 所示。

偏移、偏移变化和偏移种子：代表被克隆物体在圆的路径上运动的随机值，一般不做调整。

3. 网格排列模式

代表被克隆物体以矩阵的方式进行排列，如图 16-12 所示。

图 16-12

数量：代表被克隆物体分别在 x、y、z 轴 3 个轴向上的复制数量。

模式："端点"代表固定两个点的前提下，复制中间的立方体；"每步"代表在固定一个点的基础上进行复制。

尺寸：代表在 x、y、z 轴 3 个轴向上被克隆物体的距离。例如，复制两个克隆，将"模式"都设置为"网格排列"，"数量"设置为6、3、3，"尺寸"设置为 20cm、100cm、100cm，分别将"模式"更改为"每步"和"端点"，对比变化，如图 16-13 和图 16-14 所示。

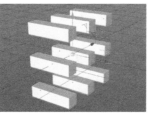

图 16-13

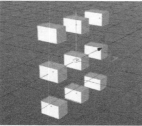

图 16-14

外形： 代表被克隆物体以何种形状来进行
矩阵排列。外形类型有立方、球体、圆柱和对
象 4 种。

填充： 代表内部的数量。以"立方"为例，
将"数量"设置为 6、9、6，"尺寸"设置
为 38cm、75cm、38cm，如图 16-15 所示。

图 16-15

将"填充"设置为 1%，中间的立方体就会消
失，如图 16-16 所示。

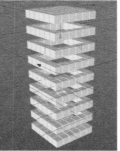

图 16-16

4. 蜂窝阵列模式

蜂窝阵列是新版本中新增的一种排列方式，
代表被克隆物体以蜂窝状进行排列，可以用来
制作木地板或砖墙。例如，将"偏移"设置为
62%、"宽数量"设置为 118、"高数量"设
置为 17、"宽尺寸"设置为 7cm、"高尺寸"

设置为 16cm，制作砖墙效果，如图 16-17 所示。
这个数值不是固定的，读者可以根据自己的需
要调整。

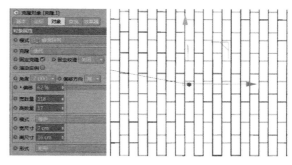

图 16-17

形式： 代表以何种方式进行填充，有矩形、
圆环和样条 3 种。其中，"样条"代表可以指
定样条进行填充。例如，将"形式"更改为"圆
环"，代表被克隆的对象会填充在圆环内，如
图 16-18 所示。

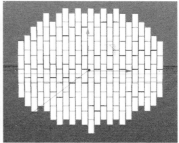

图 16-18

5. 对象模式

作用是将被克隆的对象以另一个对象的点
线面来进行排列复制。例如，创建立方体，将
立方体作为子级放置于克隆的下方，将克隆的
"模式"更改为"对象"；创建球体，将球体
拖曳至克隆对象选框中，立方体就会分布在球
体上，如图 16-19 所示。

图 16-19

227

分布： 对象模式中比较重要的属性，作用是被克隆物体以对象的点线面进行克隆，默认从顶点分布。如果几何体的点比较多，建议先将一个简单的几何体拖到对象选框中，更改了分布模式后，再将复杂的模式拖曳至对象选框中，这样可以提高工作效率。分布模式有顶点、边、多边形中心、表面、体积和轴心，如图16-20所示。

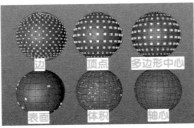

图16-20

排列克隆： 勾选"排列克隆"，代表被克隆物体以对象的形状方向进行克隆；不勾选"排列克隆"，以克隆物体自身的方向进行排列，如图16-21所示。

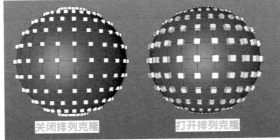

图16-21

16.1.2 文本

和样条线中的文本配合挤压的效果是一样的，基本属性也一样。不同的是，运动图形中的文本可以直接作为运动图形使用，而且能添加效果器，样条中的文字不能如此使用。

选择"运动图形 > 文本"，对象属性中包含4个新增属性，分别是全部、网格范围、单词和字母，这些属性都可以添加效果器，如图16-22所示。

图16-22

❶ 将对象下面的"文本"内容更改为"CINEMA 4D"和"ABCDE"，分为两行输入，如图16-23所示。

图16-23

❷ 选择"效果器 > 随机"，将其添加至"全部"的效果选框内，调整随机的数值，文本会整体进行位置、缩放和旋转上的调整，如图16-24所示。

图16-24

❸ 将随机效果器添加至"网格范围"的效果选框中，随机数值和"全部"的一样，随机是以行为单位进行变换的，如图16-25所示。

图16-25

④ 将随机效果器添加至"单词"的效果选框中，随机数值和"全部"一样，随机是以单个整体为单位进行变换的，如图 16-26 所示。

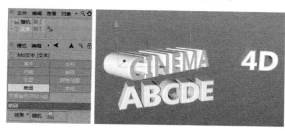

图 16-26

⑤ 将随机效果器添加至"字母"的效果选框中，随机数值和"全部"一样，随机是以单个字母为单位进行变换的，如图 16-27 所示。

图 16-27

16.1.3 追踪对象

追踪对象有两个作用：一是追踪对象移动的路径信息，二是可以用特殊的布线围绕物体。

先介绍追踪对象移动的路径信息。创建球体，0 帧时，在 z 轴位置添加关键帧，然后将滑块移到 90 帧，在 z 轴方向上移动位置，设置为 600cm，创建追踪对象，将球体拖曳至追踪对象的"追踪链接"选框中，单击"向前播放"按钮，可以记录对象的路径信息，如图 16-28 所示。

 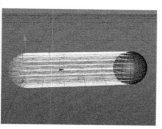

图 16-28

不勾选"追踪顶点"，单击"向前播放"按钮，记录球体的运动信息只有一条路径，如图 16-29 所示。

 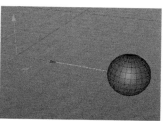

图 16-29

限制：代表追踪路径的范围。例如，将"限制"更改为"从开始"，将"总计"设置为 20，单击"向前播放"按钮，就只会追踪前 20 帧的路径，20 帧后不再追踪，如图 16-30 所示。

图 16-30

追踪对象路径经常配合粒子使用。例如，创建粒子发射器，并增加"湍流"。将湍流"强度"设置为 20cm，创建追踪对象，将发射器拖曳至"追踪链接"选框中，单击"向前播放"按钮，如图 16-31 所示。

图 16-31

如果直接渲染就不会看到任何效果，因为这只是路径而没有实体化，所以创建扫描及圆环，将圆环和追踪对象作为子级放置于扫描的下方，路径就会被渲染，如图16-32所示。

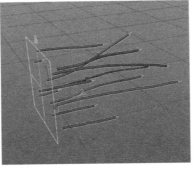

图16-32

接着介绍用特殊的布线来围绕物体的作用。创建球体和追踪对象，将球体拖曳至"追踪链接"中，将"追踪模式"更改为"连接元素"，球体上会自动追踪出路径包围整个球体，如图16-33所示。

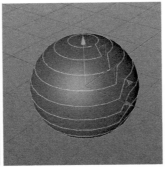

图16-33

"连接元素"针对的是单个元素的连接；"连接所有对象"可以连接多个对象。例如，创建球体，拖曳至"追踪链接"中，将"追踪模式"更改为"连接所有对象"，两个球体就会有一条连接线，如图16-34所示。

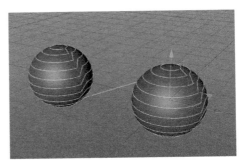

图16-34

"追踪链接"可以是几何体，也可以是运动图形。例如，克隆球体，将克隆拖曳至"追踪链接"选框中，将"手柄克隆"的模式更改为"直接克隆"，克隆的球体就会有固定的路径进行连接，如图16-35所示。

图16-35

可以利用追踪对象的这两个作用制作很多特殊的效果。例如，拖入卡通树模型，创建追踪对象，将卡通树拖入"追踪链接"选框中，将"追踪模式"设置为"连接元素"，创建扫描及圆环，将圆环和追踪对象作为子级放置到扫描的下方，效果如图16-36所示。

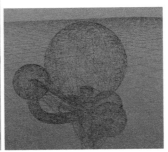

图16-36

16.1.4 矩阵

矩阵的属性和克隆一样，经常作为载体来使用，和空对象一样，它不能直接被渲染。克隆配合变形器使用时，被克隆的物体经常会出现变形的情况，所以它的作用是让被克隆的物体不易变形。

例如，创建球体，将球体的"半径"设置为 16cm，创建克隆，将球体作为子级放置于克隆的下方，将克隆的"模式"更改为"网格排列"，创建膨胀变形器，将克隆与膨胀打包，调整膨胀"强度"为 60%，球体就会变形，如图 16-37 所示。

图 16-37

创建矩阵，将"模式"更改为"网格排列"，将克隆的"模式"更改为"对象"，然后将矩阵拖曳至克隆的对象选框中，并将矩阵和膨胀变形器打包，球体不会变形，如图 16-38 所示。

图 16-38

16.1.5 分裂

分裂的作用是将物体变成运动图形，并受效果器影响。例如，创建球体、宝石、立方体和圆柱体；创建分裂，将球体、宝石、立方体

和圆柱体作为子级放置于分裂的下方；将分裂"模式"更改为"分裂片段 & 连接"，为分裂添加随机效果器，调整位置、缩放、旋转，4 个图形发生变化，如图 16-39 所示。

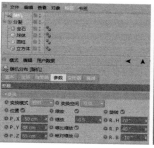
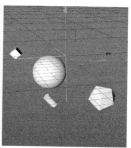

图 16-39

分裂经常用于制作字体的动画，例如，创建样条文本，将"内容"更改为"轮廓"、"字体"设置为"微软雅黑"和"Bold"；创建挤压，将样条作为子级放置于挤压和下方，创建分裂，将挤压作为子级放置于分裂的下方，将分裂的"模式"更改为"分裂片段 & 连接"，如图 16-40 所示。

图 16-40

为分裂添加简易效果器，将简易的衰减"形状"更改为"线性"，旋转 90°，移动简易效果器，文本的每个部分都会单独分开，如图 16-41 所示。

图 16-41

231

将简易效果器的"P.X""P.Y""P.Z"分别设置为0cm、100cm、-860cm，将"缩放"设置为0.1，将"R.H""R.P""R.B"分别设置为60°、-30°、0°，为简易x轴设置位移动画，字体就会逐个进入摄像机，这也是电视栏目包装中常用的方法，如图16-42所示。

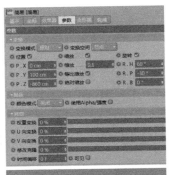

图16-42

16.1.6 破碎

这是新增的一个运动图形。创建立方体和破碎，将立方体作为子级放置于破碎的下方，立方体就会呈现出各种颜色的块状，如图16-43所示。

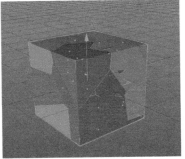

图16-43

创建随机效果器，添加至"破碎"中，各种颜色的块状就会随机分开，如图16-44所示。

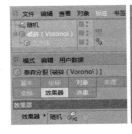

图16-44

破碎中常用的属性就是"来源"，它可以改变破碎的数量。例如，单击"来源"选项，将"点数量"设置为40，分裂的块数增多，如图16-45所示。

图16-45

还可以用破碎制作文字的破碎效果。如果只把文本作为子级放置于破碎的下方，添加简易效果器，将衰减"形状"更改为"线性"，破碎的图形是片状的，明显文本的破碎是不正确的（应该是块状的），如图16-46所示。

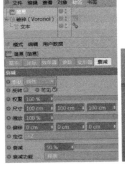

图16-46

添加分裂，将文本放置于分裂的下方，将"模式"更改为"分裂片段&连接"，将分裂作为子级放置于破碎的下方，就会显示正确，如图16-47所示。

图 16-47

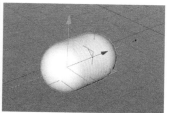

图 16-49

16.1.7 实例

　　创建实例，对象属性中有"对象参考"，可以是几何体，也可以是运动图形。例如，创建立方体，拖曳至"对象参考"中，场景中会创建出另一个立方体，和立方体有同样的属性，改变一个立方体的大小，另一个立方体也会随之发生改变。所以，实例的一个作用是可以复制一个相同属性的物体，如图 16-48 所示。

16.1.8 运动样条

　　在工作中用得不是很多，不能被直接渲染，要配合扫描工具，作用是通过改变对象属性数值来调整样条的形状和变化。例如，创建运动样条，场景中就会出现一条直线；改变不同的数值，样条会呈现不同的形状，如图 16-50 所示。

图 16-50

　　运动样条可以做描边文字效果，这个知识点很重要。例如，创建运动样条和样条文本，将运动样条的"模式"设置为"样条"，在样条选项中，将"生成器模式"更改为"均匀"、"数量"设置为3600，让样条足够平滑，将文本拖入源样条，再拖曳对象中的"开始"滑块，就会形成描边的效果，如图 16-51 所示。

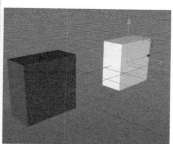

图 16-48

　　实例还有另一个作用，就是对动画的几何体制作扫尾的效果。例如，创建球体和实例，将球体拖曳至"对象参考"中，出现另一个白色的球体，给这个白色的球体做位移动画，单击"向前播放"按钮，白色球体就会出现扫尾的效果，如图 16-49 所示。其中，"历史深度"代表扫尾的数量。

图 16-51

16.1.9 运动挤压

运动挤压和多边形 FX 都属于效果器的范围，是作为子级来使用的，但是也可以添加效果器。

运动挤压的作用是对几何体的面分别挤压。例如，创建球体，将运动挤压作为子级放置于球体的下方，球体的面就会分别被挤压出来，如图 16-52 所示。

图 16-52

也可以为球体"设置选集"，让指定的面被挤压出来。将球体转换为可编辑对象，切换为"多边形"模式，选择不相邻的几个面，单击"选择 > 设置选集"，如图 16-53 所示。

图 16-53

创建运动挤压，将运动挤压作为子级放置于球体的下方，将球体后的选集拖曳至"多边形选集"的选框中，只有被选中的部分被挤压出来，如图 16-54 所示。

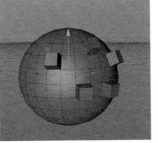

图 16-54

16.1.10 多边形 FX

多边形 FX 的作用是将几何体的面进行分解，可以添加效果器。例如，创建球体和多边形 FX，将多边形 FX 作为子级放置于球体的下方，创建随机效果器放置于多边形 FX 的效果器中，球体的面就会全部分解开，如图 16-55 所示。

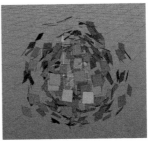

图 16-55

改变随机的衰减"形状"为"线性"，做位移动画，让球体呈现散开到重合的动画，如图 16-56 所示。

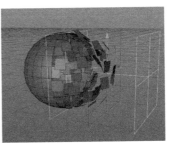

图 16-56

16.2 效果器

效果器位于菜单栏"运动图形"的下拉菜单中，经常与运动图形配合使用。

添加方法以运动图形的"克隆"为例：在选择"克隆"的前提下，单击"运动图形 > 效果器"，直接添加效果器；如果没有选中"克隆"，创建效果器后，可以将效果器添加到克隆的"效果器"选框中，如图 16-57 所示。

图 16-57

16.2.1 简易

简易的作用是可以影响运动图形对象的位置、缩放和旋转。例如，创建简易效果器，默认的 y 轴是 100cm；创建立方体及克隆，将立方体的长、宽、高均设置为 18cm，将立方体作为子级放置于克隆的下方；为更方便地观察效果，将克隆的"模式"更改为"网格排列"，"数量"设置为 10、1、10；添加简易，拖曳至克隆的"效果器"内，克隆的立方体向上移动一段距离，代表克隆对象向 y 轴方向整体上移 100cm，这就是简易效果器的作用，如图 16-58 所示。

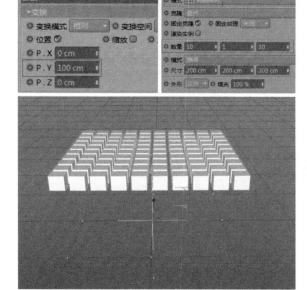

图 16-58

如果不想让运动图形整体运动，就会用到"衰减"。衰减的作用是改变效果器的影响范围。例如，将衰减的"类型"更改为"球体"，场景中会出现球体的选框，在球体接触的范围内运动图形都会受到影响，如图 16-59 所示。

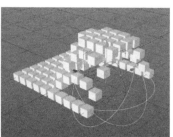

图 16-59

简易效果器还经常用到字体的动画中。例如，创建运动图形文本，输入"盛大开业"，选择"方正榜书行简体"，将"深度"设置为 180cm，打开"圆角封顶"，将顶端和末端的"半径"都更改为 2cm，将"点插值方式"更改为"统一"，如图 16-60 所示。

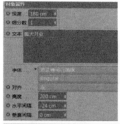

图 16-60

在选择运动图形文本的前提下，添加简易效果器，将简易效果器的衰减"形状"更改为线性，旋转 90°，做关键帧动画。0 帧时，在 x 的位置添加一个关键帧；将滑块移动至 90 帧时，将文本向 x 方向上移动一段距离，再添加一个关键帧；移动滑块，字体就会逐个向下移动，如图 16-61 所示。

图 16-61

将简易效果器的"P.X""P.Y""P.Z"分别设置为 –110cm、155cm、–990cm,将"R.H""R.P""R.B"分别设置为 40°、30°、–55°,移动滑块,字体会逐个进入镜头,如图 16-62 所示。这种方法经常用在定版的文字动画中。

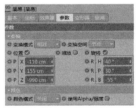

图 16-62

16.2.2 延迟

延迟只能在带有动画的情况下使用,可以使动画更加柔和、更有细节,有平均、混合和弹簧 3 种类型。以"盛大开业"的工程为例,将延迟的"模式"更改为"平均",将"强度"更改为 80%,单击"向前播放"按钮,字体进入摄像机动画比之前没有加延迟效果器更加柔和并且几乎是一同进入,如图 16-63 所示。

图 16-63

将延迟"模式"更改为"混合",其他保持不变,单击"向前播放"按钮,可以看到"混合"不如"平均"的动画效果柔和,但是比不加延迟要柔和很多,如图 16-64 所示。

图 16-64

将延迟"模式"更改为"弹簧",单击"向前播放"按钮,字体会有弹簧效果,如图 16-65 所示。

图 16-65

16.2.3 继承

继承可以让运动图形的物体模仿其他物体的属性。例如，创建圆锥体，保持默认大小，将圆锥体做简单旋转动画，将滑块移至 0 帧，在 RP 值处添加一个关键帧；将滑块移至 90 帧，将 RP 值设置为 360°，再添加一个关键帧，如图 16-66 所示。

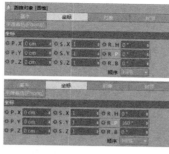

图 16-67

继承还有一种动画模式，将"继承模式"更改为"动画"、"变换空间"设置为"生成器"（默认），圆锥就可以自由移动，而运动图形和圆锥的动画效果是一样的，会沿整体中心移动，如图 16-68 所示。

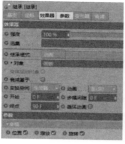
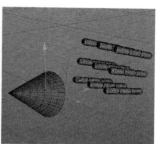

图 16-68

如果将"变换空间"更改为"节点"，运动图形的动画方式就会基于单个的胶囊中心进行旋转，如图 16-69 所示。

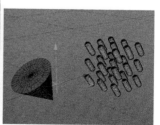

图 16-69

变换空间后的动画要配合"步幅间隙"使用，将"步幅间隙"设置为 10F，代表运动图形中的每一个图形都会延迟 10 帧，逐个旋转，如图 16-70 所示。

图 16-66

创建胶囊和克隆，将胶囊作为子级放置于克隆的下方，将克隆的"模式"设置为"网格排列"；创建继承效果器，将继承拖曳至克隆的"效果器"选框内；选择继承效果器，将圆锥拖曳至继承的"对象"选框中，被克隆的胶囊会和圆锥体重合在一起，单击"向前播放"按钮，克隆的胶囊会继承圆锥的动画，和圆锥一起运动，如图 16-67 所示。这是继承的第一种直接模式，克隆对象会和带有动画的几何体重合并一起运动，调整强度可以过渡。

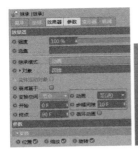
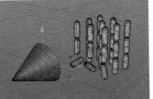

图 16-70

16.2.4 随机

随机可以将运动图形里的几何体位置、缩放、旋转进行随机分布。工作中也经常用到。创建立方体，大小设置为30cm，创建克隆，将立方体作为子级放置于克隆的下方，将克隆的"模式"更改为"网格排列"，如图 16-71 所示。

图 16-71

在选中克隆的前提下，选择随机效果器，立方体就会被随机打乱，如图 16-72 所示。

图 16-72

选择随机效果器的参数，随机效果器的"P.X""P.Y""P.Z"均设置为50cm，代表每个立方体在 x、y、z 轴上随机移动了50cm，也可以对缩放和旋转进行改变。例如，勾选"缩放"，将"缩放"设置为1，勾选"旋转"，"R.H""R.P""R.B"都设置为50°，如图 16-73 所示。

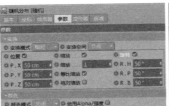

图 16-73

随机效果器的类型有随机、高斯、噪波、湍流和类别。其中，"类别"基本不用，本书不做讲解。

在随机模式中，"随机"代表没有规律的随机，"高斯"代表有一定规律的随机，"噪波"和"湍流"是带有动画的随机效果。将"随机模式"更改为"噪波"，单击"向前播放"按钮，呈现动画效果，如图 16-74 所示。

图 16-74

利用随机，还可以做文字效果。创建立方体和克隆，将立方体作为子级放置于克隆的下方，将克隆"模式"更改为"网格排列"，"数量"设置为 50、1 和 40，"尺寸"设置为300cm、200cm 和 300cm。创建样条文本，将文本内容设置为 C，将衰减"形状"设置为"来源"，将文本拖曳至"原始链接"中，随机效果就会受文本的影响，如图 16-75 所示。

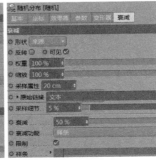

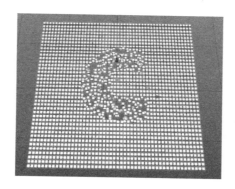

图 16-75

16.2.5 着色

着色的作用是利用贴图的颜色信息来控制运动图形的位置、缩放和旋转，也可以让运动图形显示贴图的颜色。

❶ 创建立方体和克隆，将立方体作为子级放置于克隆的下方；创建平面，将克隆的"模式"更改为"对象"，将平面拖曳至克隆的"对象"选框中，立方体就会依照平面的顶点数量来分布，如图 16-76 所示。

图 16-76

❷ 为克隆添加着色效果器，着色效果器默认"缩放"为 0.5，如图 16-77 所示。

图 16-77

❸ 最终效果不需要有缩放变化，所以不勾选"缩放"，克隆就会恢复原先的样子；单击"着色"选项，着色器选项上可以添加贴图，可以添加

图片，也可以添加动画。以噪波为例，为着色贴图添加噪波，克隆的立方体颜色会有黑、白、灰的变化，不勾选"使用 Alpha/ 强度"，饱和度更高，效果更加明显，如图 16-78 所示。

图 16-78

❹ 立方体的颜色有黑、白、灰的过渡，不同的颜色代表立方体受位置、缩放和旋转的影响程度。勾选着色参数的"位置"，"P.Z"设置为 70cm，立方体不是同时向上移动 70cm，而是不同的颜色移动的距离也不同：偏白的立方体向上移动的距离是最高的，说明白色的立方体受到的影响是最大的；而偏黑的立方体基本不会移动，说明黑色的立方体基本不受影响，如图 16-79 所示。

图 16-79

❺ 着色贴图还可以添加动画。例如，添加一段黑白遮罩动画（素材 >16 黑白遮罩动画），这种黑白遮罩的动画也可以在 After Effects 中完成，如图 16-80 所示。

图 16-80

⑥ 其他设置不做更改，单击"向前播放"按钮，克隆物体会产生一段动画，如图 16-81 所示。

图 16-81

着色效果器不是只有黑白贴图，还可以为运动图形添加多种颜色信息，使效果更好看。

① 创建样条文本，输入 Cinema 4D，创建挤压，将文本作为子级放置于挤压的下方，创建克隆，将挤压作为子级放置于克隆的下方，将"数量"设置为 5，"位置 .X""位置 .Y""位置 .Z"分别设置为 0cm、0cm、80cm，如图 16-82 所示。

图 16-82

② 创建着色效果器，拖曳至克隆的"效果器"选框中，在着色效果器中添加贴图，被克隆的文字就会显示贴图的颜色信息，如图 16-83 所示。

图 16-83

③ 如果直接渲染，就没有反射的材质。如果要添加反射，直接添加材质球又会覆盖之前的颜色，解决办法是双击打开材质编辑面板，在"颜色"选项中选择"纹理 >MoGraph> 颜色着色器"，将材质添加于克隆上，文本又会恢复到之前的颜色，此时再添加反射就没有问题了，如图 16-84 所示。

图 16-84

④ 着色效果器还可以掺杂使用，以上一个立方体为例，第一个着色效果器已经添加了遮罩动画，再创建一个着色器，为动画添加颜色信息，如图 16-85 所示。

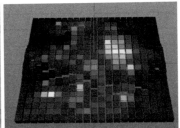

图 16-85

16.2.6 步幅

步幅的作用是给运动图形进行位置、缩放和旋转的过渡变化。

① 创建一个球体，将球体的"半径"设置为 24cm；创建克隆，将球体作为子级放置于克隆的下方，将"数量"设置为 40、"位置 .X""位置 .Y""位置 .Z"设置为 0cm、0 cm、-50 cm，如图 16-86 所示。

图 16-86

❷ 创建步幅效果器，并拖曳至克隆的"效果器"选框内，不勾选"缩放"，勾选"位置"，将"P.X""P.Y""P.Z"设置为 0cm、500cm、0cm，小球会依次过渡向上变化，第 40 个小球向上移动了500cm，如图 16-87 所示。

图 16-87

❸ 如果想调整过渡变化的形状，选择步幅效果器对象属性中的"效果器"，调整样条曲线（样条曲线的形状和过渡变化的形状是一样的），如图 16-88 所示。

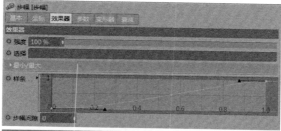

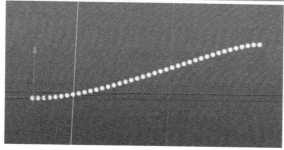

图 16-88

❹ 调整样条曲线的形状，场景中的小球形状也会随之发生变化，如图 16-89 所示。

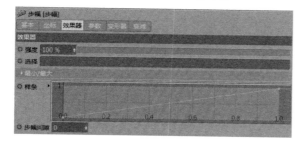

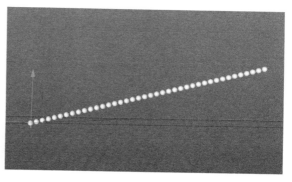

图 16-89

步幅效果器中还有一个重要属性——时间，运用这个属性的前提是在动画中。

❶ 创建样条文本，输入"C4D"，选择"画笔"工具，绘制形状；创建样条布尔，将两个样条作为子级放置于样条布尔的下方，"模式"设置为"B 减 A"；创建挤压，将样条布尔作为子级放置于挤压的下方，对绘制的样条做从无到有的动画，如图 16-90 所示。

图 16-90

❷ 创建克隆，将挤压作为子级放置于克隆的下方，将克隆的"数量"设置为 3、"位置 .X""位置 Y.""位置 .Z"分别设置为 0cm、0cm、25cm，为克隆添加步幅效果器，不勾选"位置""缩放""旋转"，将"时间偏移"设置为 20F，代表克隆物体之间间隔 20 帧进行变化，如图 16-91 所示。

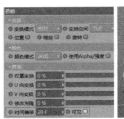

图 16-91

16.2.7 样条

样条的作用是将运动图形绑定到样条上。例如，创建小球，将"半径"设置为 20cm；创建克隆，将小球作为子级放置于克隆的下方，将克隆的"模式"更改为"放射"，将"数量"设置为 46，将样条效果器拖曳至克隆的"效果器"选框中；创建样条星形，选择样条效果器，将星形拖曳至样条效果器的"样条"选框中，运动图形的球体就会绑定到星形上，如图 16-92 所示。

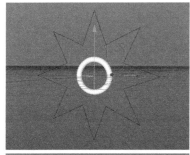

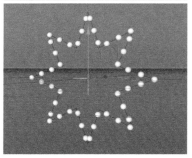

图 16-92

移动样条效果器的"强度"滑块，运动图形的球体就会过渡到星形上，如图 16-93 所示。

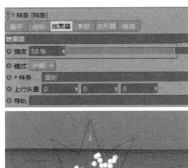

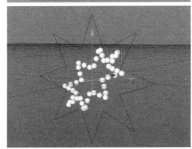

图 16-93

16.2.8 其他效果器

1. 群组

可以将其他效果器打包，例如，创建随机、步幅和时间效果器，然后创建群组效果器，将其他效果器一同拖曳至群组效果器中；创建运动图形时，将群组效果器拖曳至运动图形的"效果器"选框中，运动图形就会受到 3 个效果器的影响，如图 16-94 所示。

COFFEE 和 Python 效果器都是通过语言来设置运动图形的效果，一般不会用到。

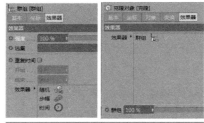

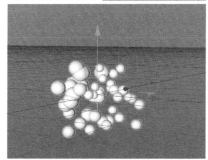

图 16-94

2. 推散

推散有 6 个模式，分别是隐藏、推离、分散缩放、沿着 x、沿着 y、沿着 z。可以调整强度观察运动图形的变化，例如"推离"可以将运动图形推散分离，如图 16-95 所示。

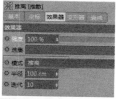

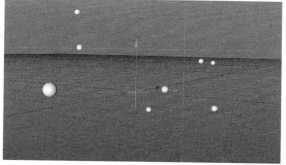

图 16-95

3. 公式

利用公式更改运动图形的变化，带有动画的效果，如图 16-96 所示。

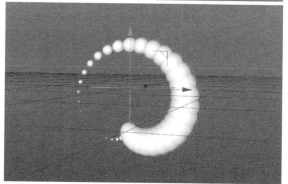

图 16-96

4. 重置

重置的作用是将其他效果器的效果（位置、缩放、旋转）擦除。

5. 声音

利用声音的波形变化来调整运动图形的位置、缩放和旋转。

6. 目标

运动图形始终指向对象目标，和目标标签的作用是一样的，如图 16-97 所示。

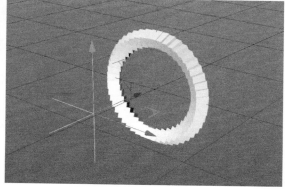

图 16-97

7. 时间

通过时间的偏移，可以对运动图形的位置、缩放和旋转进行变换，不用做关键帧动画就带有运动效果。

8. 体积

体积的作用是将运动图形的物体填充到另一个物体。例如，创建立方体和克隆，将立方体作为子级放置于克隆的下方，将克隆的"模式"更改为"网格排列"，"数量"设置为 10、10 和 10；创建球体，将"半径"设置为 130cm，放置于运动图形的中心；创建体积效果器，将球体拖曳到"体积对象"选框中，勾选"可见"，勾选球体基本属性中的"透显"，立方体就会填充到球体中，移动球体运动图形就会发生变化，如图16-98 所示。

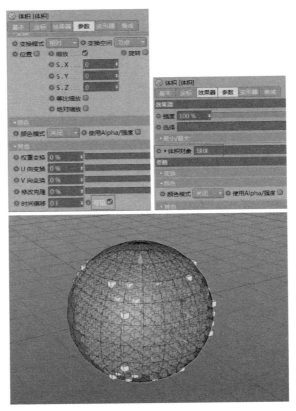

图 16-98

第 17 章
与 After Effects 的结合

Cinema 4D 和 After Effects 的结合在工作中的使用频率很高。本章将向读者介绍一些工作中常用的 Cinema 4D 和 After Effects 结合的方法和技巧。前提条件是需要将两个 After Effects 和 Cinema 4D 的互导插件——Cinema 4D Format 和 Cinema 4D Importer 安装在 After Effects 的 Plugins 目录下。

· 多通道与外部合成的使用方法
· 结合 After Effects 插件使用

17.1 多通道与外部合成的使用方法

本节会通过手机产品广告包装中一个画面的制作，加深对多通道和外部合成的理解。先看一下最终效果，如图 17-1 所示。

图 17-1

1 将"素材 >17.1 手机模型"文件拖曳至 Cinema 4D 中，如图 17-2 所示。

图 17-2

2 创建摄像机和圆环，将手机放置于圆环的正中间；创建空对象，放置于手机的中心，如图 17-3 所示。

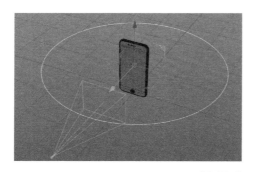

图 17-3

3 右键单击对象面板中的"摄像机"，在弹出的菜单中选择"新增标签 >Cinema 4D 标签 > 目标"和"对齐曲线"，将空白对象拖曳至目标标签的"目标对象"中，将圆环拖曳至对齐曲线的"曲线路径"中，如图 17-4 所示。这样做的目的是更好地控制摄像机，使手机以更好的角度呈现出来。这种方法用得非常多，需要牢记。

图 17-4

4 调整对齐曲线的"位置"为 5%，将空白对象移至合适的位置，将摄像机的"R.B"设置为 –20°，调整手机到合适的角度（这个数值不是固定的，读者只要选择自己喜欢的角度即可），如图 17-5 所示。

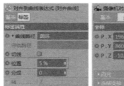

图 17-5

5 调节手机的材质。手机材质中最重要的是机身的材质，手机机身材质是带有磨砂效果的一种反射材质，所以要用到材质章节所讲的图层材质中的"反射混合"。双击创建材质球，打开材质编辑面板，先关闭"颜色"，在反射选项添加第 1 层反射，将"类型"更改为 GGX，第一层控制的是粗糙度和颜色，将"粗糙度"设置为 50%、颜色的对比度 V 值设置为 15%、"反射强度"设置为 80%，如图 17-6 所示。

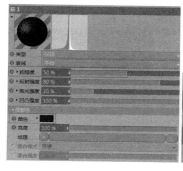

图 17-6

⑥ 添加第 2 层反射，将"类型"设置为 GGX。
这层的目的是增加反射效果，在"层菲涅耳"
中，选择"绝缘体"，将"折射率"设置为 1.6，
菲涅耳可以使反射产生衰减效果，将两层叠加，
增加反射细节的同时又有粗糙和反射效果，如
图 17-7 所示。

图 17-7

⑦ 如果感觉这层反射还不够，可以再添加一层
反射，将"菲涅尔"设置为"绝缘体"、"折射率"
更改为 1.35，效果更加明显，如图 17-8 所示。
机身材质调整完成，将调节好的材质球拖曳至
机身及按键。

图 17-8

⑧ 调节屏幕的材质。屏幕的反射是非常高的，
双击材质面板创建材质球，打开材质编辑器，
将颜色选项的对比度 V 值设置为 15%，将反射
"类型"设置为 GGX，在层颜色的纹理中，选

择"菲涅耳"，其他不做设置，然后将调节好
的材质拖曳至屏幕材质中，如图 17-9 所示。

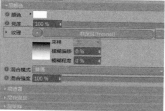

图 17-9

⑨ 屏幕上还需要有一个图案。图案的制作需
要用到多通道，可在 After Effects 中完成。
创建立方体，退出摄像机视图，将立方体的
"尺寸 .X""尺寸 .Y""尺寸 .Z"分别设置
为 718cm、1236cm、5cm，放置于手机屏幕
的前方，作为屏幕壁纸显示。右键单击对象面
板中的立方体，在弹出的菜单中选择"新增标
签 >Cinema 4D 标签 > 外部合成"，勾选外部
合成属性面板中的"实体"选项，设置"X 尺
寸"为 718、"Y 尺寸"为 1236，但立方体不
需要渲染，给立方体添加 Cinema 4D 合成标签，
然后不勾选摄像机"可见"，如图 17-10 所示。

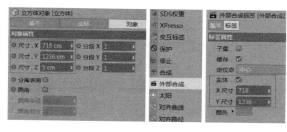

图 17-10

⑩ 开始打光，进入摄像机视图。切换至顶视图，
单击顶视图菜单栏中的摄像机，选择"透视视
图"，将面板的"排列布局"设置为"双并列视图"，
如图 17-11 所示。

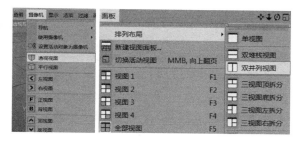

图 17-11

⓫ 这样调节视图的目的是更好地控制灯光,左边的视图作为目标镜头不做调整,右边的视图可以随时调整,看左边视图的变化。创建灰猩猩的灯光预设(在灯光章节有详细讲解)。灯光配合反光板可以更快出效果,手机打光中很重要的一点就是轮廓的反射一定要清晰,这样既能看到手机的质感,屏幕的扫光效果也要更突出。具体打光位置可以打开渲染设置中的交互式区域渲染,实时查看效果,如图 17-12 所示。如果屏幕前出现光斑,可以将预设灯光细节选项中的"在高光中显示"选项关闭。

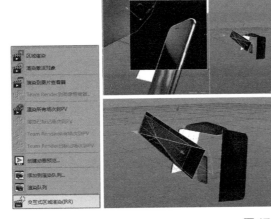

图 17-12

⓬ 效果调整好以后,将"渲染器"更改为"物理渲染器",将"采样细分"设置为 6,渲染当前视图,看一看高清效果,如图 17-13 所示。效果如果适中,就需要渲染输出了,这时就会用到本章的重点知识——多通道。在产品包装中,用得比较多的多通道选项有对象缓存、反射、高光、环境吸收和深度通道(景深通道)。景深通道需要单独渲染。

图 17-13

⓭ 打开渲染设置,右键单击"多通道",在弹出的菜单中勾选"反射""高光""环境吸收(总的环境吸收必须打开)"和"对象缓存",为机身添加合成标签,将"对象缓存"设置为 1,则渲染输出设置时,对象缓存的编号也为 1,保存时,一定要保存到同一文件夹下,渲染到图片查看器,如图 17-14 所示。

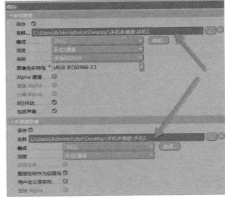

图 17-14

对象缓存的意思是将要单独分离出的几何体以黑白遮罩的形式分离出来。添加对象缓存的方法是右键单击对象面板中需要分离的对象,在弹出的对象中选择"Cinema 4D 标签 > 合成",在合成标签的属性面板中选择"对象缓存",勾选"启用",设置编号,在渲染设置中,对象缓存也设置相应的编号。

⓮ 渲染后，在学习资源中找到"素材 >17.1 渲染输出"文件夹，里面有多通道文件，分别代表图片的反射、高光、环境吸收通道及对象缓存通道，如图 17-15 所示。

图 17-15

⓯ 在渲染设置保存选项中有"合成方案文件"的选项，作用是和 After Effects 结合使用，既可以导出外部合成，也可以导出 Cinema 4D 的灯光和摄像机等。在制作手机屏幕时，已设置"将立方体作为外部合成"，所以需要将保存方案文件中的选项全部勾选，单击下方的"保存方案文件"，保存到输出文件夹中，生成一个 aec 文件，这个文件可以直接在 After Effects 中打开，如图 17-16 所示。

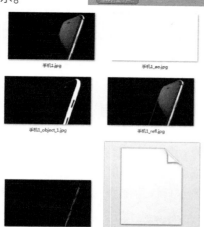

图 17-16

⓰ 渲染景深通道。为什么要分开渲染？因为在第一次渲染时，是用物理渲染器进行的，如果选择物理渲染器，那么多通道中没有"深度"选项。将渲染器更改为标准渲染器，在多通道中选择"深度"，选择"景深"，但不要打开，然后在摄像机中勾选"景深映射 – 前景模糊"，如图 17-17 所示。

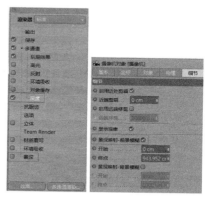

图 17-17

⓱ 渲染到图片查看器，就会出现景深通道，如图 17-18 所示。

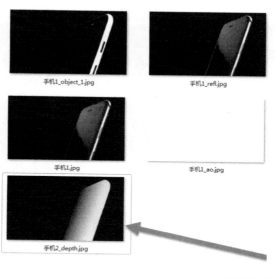

图 17-18

⓲ 打开 After Effects，对渲染的图进行后期调整。将全部渲染出的通道拖曳至 After Effects 的合成面板中，如图 17-19 所示。

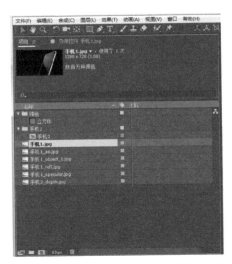

图 17-19

⑲ 双击"手机 2"合成，在时间线窗口会出现摄像机和红色的立方体固态层，将渲染出的手机模型拖曳至时间线窗口，红色的立方体固态层会自动贴合在手机屏幕上，如图 17-20 所示。

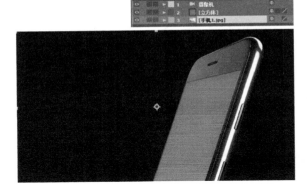

图 17-20

⑳ 选中红色的立方体固态层，单击"图层 > 预合成"（快捷键为 Ctrl+Shift +C），在弹出的菜单中保持默认确认，就会将红色固态层放到一个合成中，双击进入合成，红色固态层会占满整个界面，如图 17-21 所示。这时若删除红色固态层，则可在合成中添加任何图像。

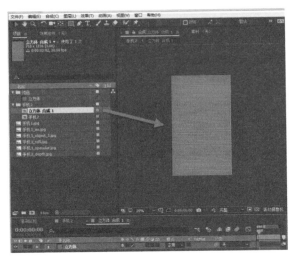

图 17-21

㉑ 拖入"素材 >17.1 手机壁纸"文件，可以在手机壁纸上添加"风格化 > 发光"的效果，这样手机壁纸有了发光的效果，回到"手机 2"合成中，图像会自动贴合在手机屏幕上，如图 17-22 所示。

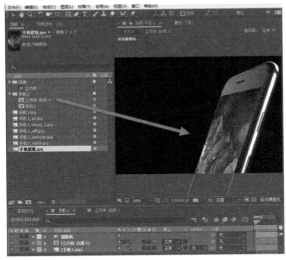

图 17-22

㉒ 手机壁纸会挡住后面手机屏幕的反射，缺少很多细节，所以单击合成面板中渲染出的命名为 refl 的反射图层，将反射层放置于立方体合成的上方，图层"混合模式"设为"相加"，表示只保留图层的亮度信息。屏幕的反射细节

会投射在手机壁纸上，如果感觉反射力度不够，按快捷键 Ctrl+D 多复制几层，这样反射会更加明显，如图 17-23 所示。

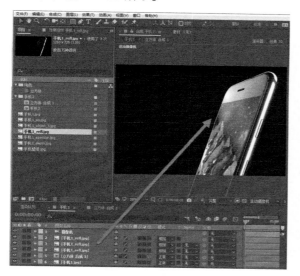

图 17-23

㉓ 如果感觉细节还不够，可以将渲染好的对象缓存"1- 手机"边框拖曳到时间线面板，将渲染好的手机模型按快捷键 Ctrl+D 复制一层，放置于手机边框的下方，将"轨道蒙版"更改为"亮度遮罩"，代表只保留手机模型的亮度信息，独显"手机 1"，手机框会被单独选择出来，如图 17-24 所示。

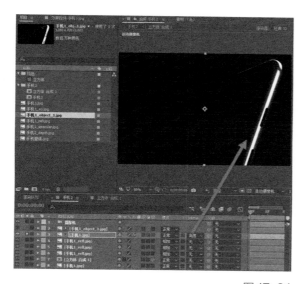

图 17-24

㉔ 选择复制的"手机 1"图层，添加曲线，调节颜色，边框的颜色也会随之变化，如图 17-25 所示。

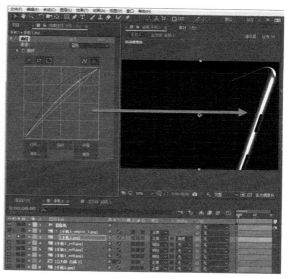

图 17-25

㉕ 取消"独显"，将渲染出的景深通道拖曳至时间线面板，设置"景深通道"为不可见，创建调节图层，将插件 Frischluft>FL Depth Of Filed 添加至调节图层上，如图 17-26 所示。

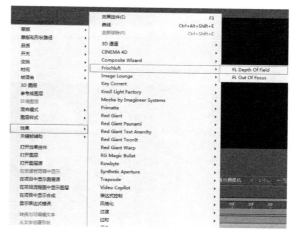

图 17-26

㉖ 插件中的 depth layer 代表景深通道图层，选择为手机 depth，将 radius 的数值设置为 10，景深效果就会出现，经常用这个方法来制作产品的景深效果，如图 17-27 所示。

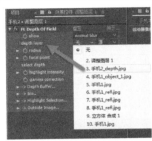

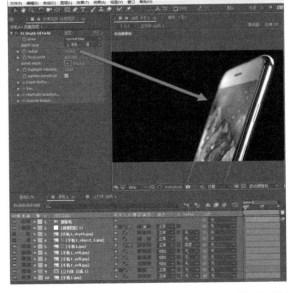

图 17-27

㉗ 手机的细节基本调整完成，如果还想增加细节，可以继续添加渲染出的"环境吸收通道"和"高光通道"，为手机添加背景，按快捷键 Ctrl+Y 创建固态层，将固态层放置于最底层，将渲染出的手机 1 模型的"图层模式"更改为"屏幕"，把手机的黑色背景滤掉，为固态层添加"生成 > 梯度渐变"，选择一个自己喜欢的颜色，如图 17-28 所示。

图 17-28

㉘ 输入自己喜欢的文字，添加背景星光素材，就会出现如图 17-29 所示的效果。手机画面制作完成。

图 17-29

17.2 结合 After Effects 插件使用

Cinema 4D 中的灯光和摄像机可以直接导入到 After Effects 中使用，提高工作效率。Cinema 4D 的灯光可以与 After Effects 中的部分插件结合使用，例如 After Effects 粒子插件 Particular、Form 和 VC 灯光插件 Optical Flares 等。

首先是与 After Effects 粒子插件 Particular。

❶ 在 Cinema 4D 中选择"创建 > 样条 > 螺旋"，选择"创建灯光 > 灯光"，右键单击对象面板中的灯光，在弹出的菜单中选择"新增标签 > CINEMA 4D 标签 > 合成"和"对齐曲线"，将螺旋线拖曳至对齐曲线的"曲线路径"选框中，灯光就会吸附在螺旋线上，在对齐曲线的属性面板中调整位置数值，灯光会沿着螺旋线的位置进行运动，如图 17-30 所示。

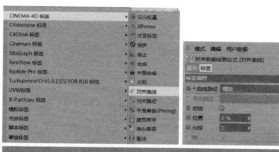

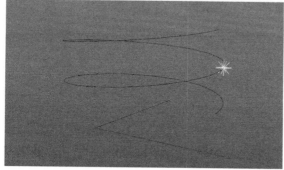

图 17-30

❷ 为对齐曲线的位置属性添加关键帧，在 0 帧时，将位置设置为 0 并添加一个关键帧，将滑块移至 30 帧，将位置设置为 100，添加一个关键帧，向前播放动画时，灯光就会沿着螺旋运动，单击"渲染设置"，在"输出"选项中，将"帧范围"更改为"手动"，"终点"设置为 30F，代表动画范围是 0~30 帧，如图 17-31 所示。

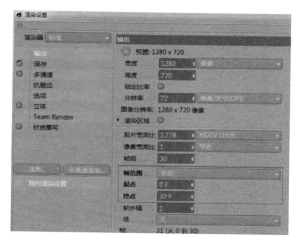

图 17-31

❸ 保存时，虽然工程中没有图像，但是必须将常规图像保存到一个位置，因为只有保存了常规图像，才能保存 After Effects 所使用的 aec 文件。保存文件时，勾选全部选项，保存到指定的位置，如图 17-32 所示。

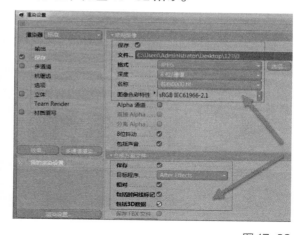

图 17-32

❹ 将保存的 aec 文件在 After Effects 中打开，双击合成文件，产生默认摄像机和灯光，还有一个没用的占位符可以删除，拖曳时间线，灯光的动画会导入 After Effects 中，如图 17-33 所示。

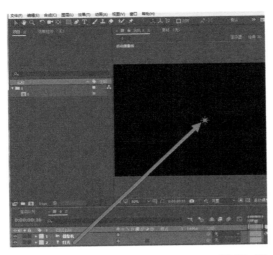

图 17-33

❺ 创建纯色层，右键单击纯色层，在弹出的菜单中选择 After Effects 粒子插件 Particular，打开粒子插件的"发射器（Emitter）"选项，在"发射类型（Emitter Type）"中选择"灯光（Lights）"，会弹出提示，表示粒子不识别，如图 17-34 所示。需要先将灯光图层的命名更改为 Emitter，这时将类型更改为"灯光"就没问题了，如图 17-35 所示。

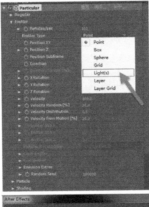

图 17-34

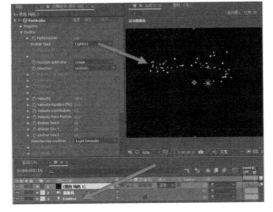

图 17-35

❻ 拖动时间线，粒子跟随灯光的路径运动，这时就可以通过设置粒子来改变粒子形态，如图 17-36 所示。

> ☼ TIPS　After Effects 粒子插件部分的制作方法会在学习视频中做详细讲解。

图 17-36

此外，也可以配合 After Effects 粒子插件 Form 来使用。

❶ 打开 Cinema 4D，拖入"素材 >17.2 发条小虫"预置模型，将模型设置为世界中心，如图 17-37 所示。

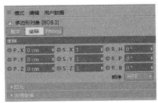

图 17-37

❷ 单击"文件 > 导出 OBJ 模型"，保存到指定的位置，打开 After Effects，将保存好的 OBJ 文件导入至合成面板中，然后将 OBJ 文件拖曳至时间线窗口，关闭"显示"。创建纯色图层，添加 After Effects 粒子插件 Form，在 Base Form"来源"中选择 OBJ Model（这个 OBJ 文件可以是图片，也可以是动画），在 OBJ Settings 中选择先前关闭的 OBJ 图层，在视窗中模型会以粒子的形式显示，如图 17-38 所示。

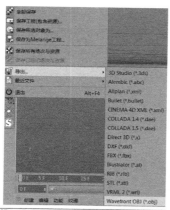

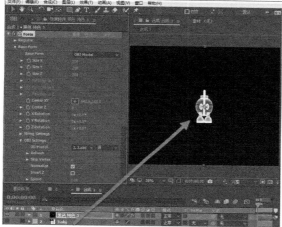

图 17-38

❸ 在 After Effects 中创建摄像机，按 C 键切换至"摄像机"选项，将模型调整至合适的角度，如图 17-39 所示。

TIPS 需要记住几个快捷键，按住左键并拖曳鼠标是旋转视图，按住鼠标滑轮并拖曳是移动视图，按住右键并拖曳是缩放视图。

图 17-39

❹ 这种颜色显然不好看，所以找一张好看的贴图，打开素材文件"素材 >17.2 颜色贴图"，如图 17-40 所示。将贴图拖曳至时间线窗口中，不勾选"显示"，在 Form 选项中找到 Layer Maps 层贴图，在 Color and Alpha 中选择颜色贴图图层，贴图的颜色信息就会映射在模型上，如图 17-41 所示。

图 17-40

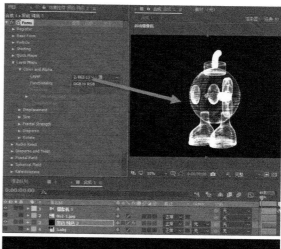

图 17-41

配合 VC 灯光插件 Optical Flares 就更简单了。以上面的螺旋灯光为例，将 aec 文件导入 After Effects，创建纯色层，单击鼠标右键，在弹出的菜单中添加 VC 灯光插件 Optical Flares，选择喜欢的灯光样式，将灯光"类型"更改为"Track Lights（追踪灯光）"，拖曳时间线，灯光会随着螺旋线的路径进行运动，一定要把"图层模式"更改为"屏幕"，把灯光的黑色部分去掉，否则会遮挡住下面的图层，如图 17-42 所示。

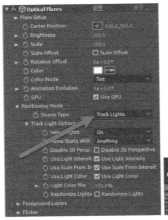

图 17-42

第 18 章
OC 外置渲染器

OC(Octane)渲染器是基于 GPU 全能的物理渲染器，自带全局光，只要计算机配置高，渲染速度就会很快；拥有实时渲染的功能，可以实时查看渲染效果；是较容易呈现出效果的渲染器，制作创意类场景是首选。但是，OC 渲染器对计算机的配置要求比较高，显卡只支持 NVIDIA，不支持 ATI 显卡，读者可以根据自己的需求选择使用。

OC 渲染器的渲染流程和普通渲染器一样：建模→ 渲染设置→ 打灯光→ 添加材质→ 添加摄像机→ 调整并最终渲染出图。

- OC 常用渲染设置
- OC 灯光系统
- OC 基础材质
- OC 混合材质
- OC 摄像机
- 视频案例：OC 渲染案例

18.1 OC 常用渲染设置

首先激活 OC 渲染器，单击菜单栏中的 Octane 选项，在下拉选项中选择"Octane 实时查看窗口"，会弹出 OC 的实时渲染窗口，在窗口中单击左上角图标并拖曳至自己熟悉的位置，如图 18-1 所示。

图 18-1

设置 OC 的渲染模式，单击 OC 渲染器的"设置"图标，如图 18-2 所示。

图 18-2

弹出 OC 的渲染设置，在核心选项中有 4 种渲染模式，分别是信息通道、直接照明、路径追踪和 PMC。"信息通道"在工作中基本不会用到。其他 3 种渲染模式，从渲染效果来看，"直接照明"的效果较一般，经常用于动画的渲染；PMC 的渲染效果最好，但是渲染速度最慢；"路径追踪"介于两种渲染模式之间，是最常用的一种渲染模式，也是最接近自然界的渲染模式，如图 18-3 所示。

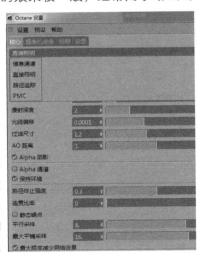

图 18-3

接下来重点介绍每个模式中的重要参数。

18.1.1 直接照明

最大采样：代表渲染的品质，采样数越高，画面越细腻、越清晰，噪点越少。

GI 模式：即全局光模式，"直接照明"提供了两种 GI 模式——GI 环境遮蔽和 GI 漫射，这两种模式从渲染效果来看，GI 环境遮蔽的对比度更明显，亮的地方更亮，而暗的地方更暗，也可以理解为默认渲染器添加了全局光和环境吸收后的效果，但是物体的细节基本上没有了，而 GI 漫射的画面更亮，画面更加柔和，细节更多，所以 GI 漫射模式的效果要好于 GI 环境遮蔽。GI 模式下的折射、反射和漫射深度可以调整画面的渲染效果。数值越大，效果越好，但是渲染速度越慢。

过滤尺寸：可以模糊像素点，以达到减少噪点的作用，一般不做改变。

AO 距离：环境吸收距离，即阴影的最大深度。这个可以根据具体场景来做具体改变。

Alpha 通道：激活可以导出带有透明通道的图像。

直接照明的其他选项一般不做设置，保持默认即可。

18.1.2 路径追踪

路径追踪模式是工作中最常用的一种模式，能让灯光为物体增加很多细节。

最大采样：默认的采样数是 16000，数值太高，所以在实时渲染时经常将"采样"数设置为 400~800，确定最终效果后，将"采样"数值设置为 1500~2000，不需要太高。

漫射深度和折射深度：可以设置得小一些，一般设置为 8 即可，这样渲染速度更快。

焦散模糊：对带有焦散效果的图像进行模糊处理，从而达到减少噪点的目的。

GI 修剪：对全局光的控制。数值越大，受全局光的影响越好。

Alpha 通道：激活可以导出带有透明通道的图像。

18.1.3 PMC

PMC 模式的渲染效果最好，但是渲染速度较慢。工作中是最注重效率的，所以一般不使用它。建议使用路径追踪模式，速度快、效果好。

在"摄像机成像"选项中，所有数值都是对摄像机的镜头做参数调整，一般会在调整摄像机时做调整，而设置中不做调整，只需要将"镜头"设置为"线性（Linear）"即可，这样可以不受镜头颜色的影响，方便观察最终渲染效果，如图 18-4 所示。

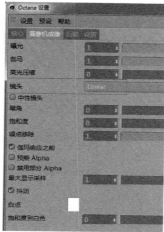

图 18-4

"后期"选项不做调整，"设置"选项中将"环境颜色"设置为"黑色"，方便观察渲染效果，如图 18-5所示。

图 18-5

18.2 OC 灯光系统

渲染设置完成后，就需要为场景打光了。打光方法可以遵循或者依据灯光章节介绍的方法，也可以使用 HDR 环境光。OC 提供了 6 种不同的灯光类型，在 OC 菜单栏中的"对象"选项中可以找到，分别是纹理环境、HDRI 环境、日光、区域光、目标区域光和 IES 灯光，如图 18-6 所示。

图 18-6

HDRI 环境、日光、区域光和目标区域光在工作中常用，下面对它们重要的参数做详细讲解。

18.2.1 HDRI 环境

这个灯光类型和灯光章节中讲到的 HDR 环境光的意思一样，作用是用一张发光的贴图来影响周围的环境效果，OC 中的 HDRI 环境比默认渲染器中的 HDR 环境的渲染效果好很多。例如，创建 HDR 环境，在层面板中会出现一个普通天空添加了一个 OC 的 HDRI 环境标签。选择"环境标签"，在属性面板中可以看到 HDRI 环境的具体参数，如图 18-7 所示。

图 18-7

纹理：代表要添加的 HDR 环境贴图。

功率：代表环境贴图的亮度值，数值越高，贴图越亮。

旋转 X/Y：代表对环境贴图分别在 x 和 y 轴上的旋转，其他数值基本不做调整。

18.2.2 日光

日光可以模拟太阳的光，在 OC 菜单栏"对象"下拉选项中。创建 OC 日光，可以在层面板中看到远光灯添加了 OC 日光标签和太阳标签，形成了 OC 的日光。单击 OC "日光标签"，属性面板中会出现具体参数，如图 18-8 所示。

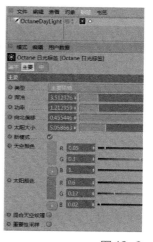

图 18-8

浑浊：浑浊度越高，画面越模糊，饱和度越低。

功率：日光的强度，数值越大，灯光越亮。

向北偏移：物体阴影的投射方向。

太阳大小：太阳越大，阴影越模糊；反之，太阳越小，阴影越清晰。

天空颜色和太阳颜色：可以改变颜色。

混合天空纹理：这个是日光选项中的重点，作用是记录日光天空亮度信息和阴影信息。与HDRI 环境的纹理与光照信息相结合，使反射物体既能保持 HDRI 环境的反射细节，也能保留日光的亮度信息和投影信息。例如，创建一个平面和冰激凌模型，将模型放置于平面的上方，添加 OC 日光，将坐标中的"R.P"设置为 -10°，如图 18-9 所示。将"功率"设置为 2，其他保持默认，为模型添加"Octane 光泽材质"，选择自己喜欢的颜色，将"索引"（反射强度）设置为 5，单击 OC 面板中菜单栏下的第一个图标渲染，如图 18-10 所示。

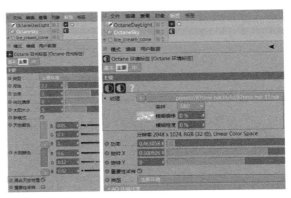

图 18-11

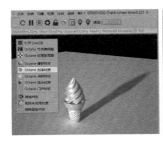

图 18-9

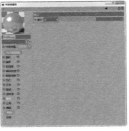

图 18-10

创建 HDRI 环境，在图像"纹理"中选择"HDR 贴图"，勾选"混合天空纹理"，为场景物体增加更多的细节，如图 18-11 所示。

18.2.3 区域光

创建 OC 区域光，打开 OC 区域光的属性面板，如图 18-12 所示。

功率：代表区域光的强度。

色温：可以改变区域光的颜色。

采样率：代表灯光的精细程度。

透明度：代表灯光在场景中的可见性。

灯光通道 ID：和普通渲染器的多通道一样，将灯光作为单独通道导出，在后期软件中调整。其他属性一般不做调整设置。

图 18-12

纹理和分配：比较重要，纹理代表灯光以

贴图的图像颜色信息进行发光。分配则可以以图像的黑白信息进行遮罩发光，黑色部分不透光，而白色部分透光。例如，创建球体和平面，将球体放置于平面的上方；创建OC 区域光，放置于球体的斜上方，在分配中选择"C4doctane> 图像纹理"，如图 18-13 所示。

图 18-13

单击"图像纹理"，将 C4D 字样的黑白贴图拖曳至图像纹理"文件"选框中，将"边框模式"更改为黑色，表示只有正面发光，其他部分全为黑色，将"纹理投射"更改为"透视"，将"功率"设置为 800，如图 18-14 所示。这时，灯光太亮，没有细节，根据日光中所讲的，太阳越大，阴影越模糊，太阳越小，则阴影越清晰，所以将区域光"细节"选项中的"外部半径"设置为 10cm，这样就可以看到黑白贴图的阴影投影到了球体上，如图 18-15 所示。

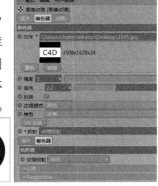

图 18-14

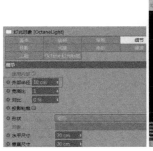

图 18-15

18.2.4 目标区域光

目标区域光和区域光的操作原理是一样的，不过目标区域光是在区域光的基础上增加了目标标签，让区域光始终对着目标点进行运动。

18.3 OC 基础材质

OC 的基础材质有 3 种，分别是漫射材质、光泽材质和透明材质。混合材质是在 3 种基础材质的基础上对基础材质进行混合，如图 18-16 所示。

图 18-16

18.3.1 漫射材质

创建漫射材质，即不带有反射的材质，工作中经常用来制作发光材质的效果。双击打开漫射材质编辑器，如图 18-17 所示。

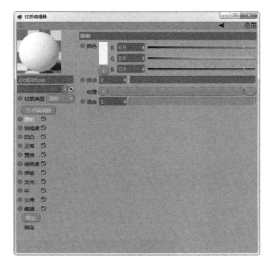

图 18-17

漫射材质编辑器中重要的参数有漫射、粗糙度、凹凸、置换、透明度和发光。OC 中的"漫射"可以调整材质的颜色，"粗糙度"即物理表面的光滑程度，"凹凸"和"置换"都是通过黑白贴图来控制物体的凹凸信息。"透明度"

和普通渲染器中的 Alpha 通道的作用是一样的，可以控制物体的透明信息，遵循的原理也是"黑透白不透"。这些重要选项在标准渲染器材质章节中都有详细讲解。

这里要重点说一下发光材质。在工作中 OC 漫射材质运用最多的就是发光材质。单击材质编辑器中的"发光"，有两个选项：一个是"黑体发光"，即让物体发纯色的光；另一个是"纹理发光"，即可以以通道贴图的形式，让物体通过贴图的颜色信息来发光，如图 18-18 所示。

图 18-18

"黑体发光"增加了"色温"的选项。将色温的值调低，发光的颜色偏暖色调；如果将色温的值调高，则偏冷色调，如图 18-19 所示。

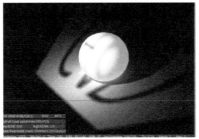

图 18-19

"纹理发光"是通过纹理贴图来控制物体的发光，如图 18-20 所示。

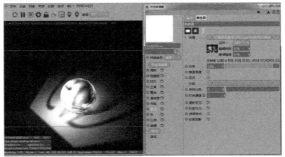

图 18-20

18.3.2 光泽材质

光泽材质即带有反射的材质，也是最常用的基础材质类型，经常用来制作金属及带有反射的其他材质。双击打开光泽材质，如图 18-21 所示。

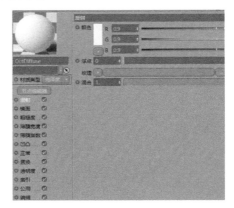

图 18-21

和漫射不同的是，光泽材质增加了镜面、薄膜宽度、薄膜指数和索引选项。"镜面"代表反射的颜色，"薄膜宽度"和"薄膜指数"用得不是很多，主要代表反射边缘的颜色，"索引"可以调节反射的强度。在 OC 中，索引值越大，反射就越强，但是当索引为 1 时，反射最强，才会成为金属材质，如图 18-22 所示。

图 18-22

18.3.3 镜面材质

镜面材质即玻璃材质，在光泽材质的基础上增加了"色散"及"传输"，如图 18-23 所示。色散控制光线在穿透物体后，产生色光分离的效果，就如钻石中的颜色在光下会产生很多种颜色的效果。传输则控制玻璃的颜色。玻璃材质的"中"选项可以调节 SSS 材质，这在混合材质小节中会进行介绍。

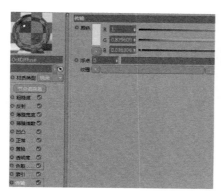

图 18-23

以上是 OC 的基础材质介绍，OC 的材质系统还有一大特色，就是节点编辑器。每个基础材质类型下方都会有节点编辑器选项，单击打开节点编辑器，如图 18-24 所示。

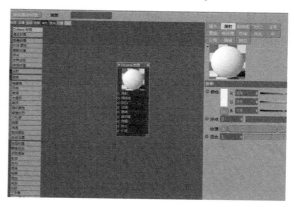

图 18-24

左侧的竖排代表材质的类型和重要属性，如材质、纹理、生成、贴图和发光等。不同的颜色代表不同的属性。例如，红色代表 OC 基础材质和 OC 混合材质。中间的灰色部分是材质编辑面板，即节点操作面板。右侧竖排为每个选项的属性面板。熟悉节点编辑器后，对材质系统的理解会更加清晰。例如，将节点编辑器中的"混合材质"拖曳至灰色调整面板中，会出现混合材质，在基础材质面板中也会相应创建一个材质球，如图 18-25 所示。

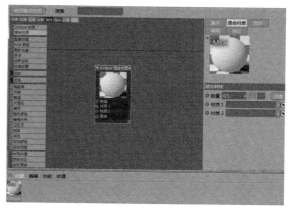

图 18-25

18.4 OC 混合材质

混合材质的作用是将两个不同的材质通过黑白贴图的形式进行混合，可以在基础材质与基础材质之间混合，也可以在基础材质和混合材质之间混合，还可以在混合材质与混合材质之间混合。

例如，拖入预置模型，创建 HDRI 环境；创建两个光泽度材质，将"索引"都调为 1，不勾选"漫射"，镜面颜色一个调成白色，另一个调成深灰色，如图 18-26 所示。创建混合材质，将两个光泽度材质分别拖曳至混合材质的材质 1 和材质 2 中，在"数量"纹理中添加"渐变"，将混合材质拖曳至模型中，模型就会以渐变的形式将两个光泽度材质进行混合，如图 18-27 所示。

图 18-26

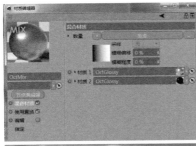

图 18-27

如果将"数量"更改为"噪波"，混合材质的效果就会按噪波的形式进行混合，如图 18-28 所示。

图 18-28

混合材质在工作中经常被用来制作特殊材质，例如铁锈效果。还以上一个模型为例，需要用到两个贴图，打开文件夹"素材 >18.4 贴图 1"和"素材 >18.4 贴图 2"，如图 18-29 所示。

图 18-29

镜面颜色为白色的金属材质不做更改，创建光泽材质，打开节点编辑器，为"漫射""镜面""凹凸"分别添加图像纹理贴图，将铁锈贴图分别拖曳至图像纹理中，并将"纹理投射"更改为"盒子"，如图 18-30 所示。

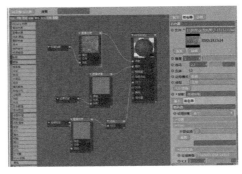

图 18-30

264

创建混合材质，将金属材质和铁锈贴图材质分别拖曳至混合材质的材质 1 和材质 2 中，将数量"中"贴入图像纹理材质，然后将用到的黑白贴图拖曳到图像纹理贴图中，将"纹理投射"更改为"盒子"，如图 18-31 所示。

图 18-31

OC 材质除了基础材质和混合材质外，还有两种特殊的材质用法需要单独讲解，在 OC 创意类场景中用得很多。一个是置换通道的使用；另一个是 SSS 材质，即次表面散射材质的调节。

置换通道的作用是将黑白贴图的信息以凹凸的形式表现在物体上。例如，创建光泽度材质，找一张科技类型的贴图，这种贴图可以在 After Effects 中利用分形噪波来绘制，也可以结合 Photoshop 进行绘制，如图 18-32 所示。

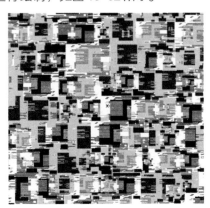

图 18-32

打开光泽度材质编辑面板，在右侧的置换选项中。选择"置换"，将黑白贴图拖曳至节点编辑的灰色调节窗口中，将贴图与置换的输入口进行连接，如图 18-33 所示。将置换的"数量"设置为 20cm，如果感觉贴图太大，可以打开 UV 变换，设置"S.X"为 0.5，"S.Y"为 0.8，"S.Z"为 0.05，将调好的材质拖曳至平面，如图 18-34 所示。

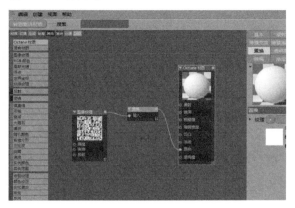

图 18-33

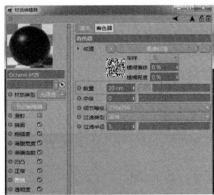

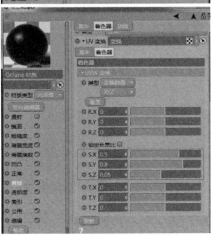

图 18-34

贴图的黑白信息就会映射在平面上。经常用这种方法来制作科技感的背景，还可以在此基础上添加任何细节。

SSS 材质即次表面散射材质，也就是半透明材质。它的原理是将吸收的灯光以散射的方式以另一种光的形式表现出来，可以体现不同的颜色。最常见的就是人体的皮肤，光照照在皮肤上是白黄色的，而散射出来的光是红黄色的。既然是半透明材质，前提条件肯定是透明材质才可以，具体操作方法如下。

创建透明材质，打开节点编辑器，在左侧中找到散射介质，拖曳至编辑面板中，将散射介质和透明材质中的介质连接在一起，为散射介质中的"吸收"和"散射"分别添加两个颜色贴图，以控制吸收和散射的颜色，如图 18-35 所示。

图 18-35

将"密度"设置 20，代表光的穿透程度，将"吸收"颜色设置为"淡黄色"、"散射"颜色设置为"深黄色"，如图 18-36 所示。

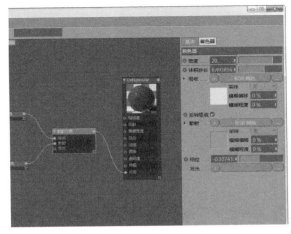

图 18-36

既然是半透明材质，再创建发光材质和两个球体。大球体放置于小球体中，为小球体添加发光材质、大球体添加 SSS 材质，创建 OC 摄像机，添加效果，如图 18-37 所示。摄像机会在下个小节进行详细讲解。

图 18-37

18.5 OC 摄像机

OC 摄像机是 OC 渲染器的特色，将常规镜头、摄像机成像和后期处理 3 个选项配合，可以使创意型场景更容易出效果，而且效果还很炫丽。普通摄像机是无法达到 OC 摄像机的效果的。

以上一个场景为例，没有添加摄像机时，效果如图 18-38 所示。

图 18-38

添加 OC 摄像机，进入摄像机视图，基本流程如下。

① 调整 "常规镜头" 的选项，调节摄像机的 "景深" 效果，不勾选 "自动对焦"，将 "景深" 设置为 120cm、"光圈" 设置为 1.5cm，就会出现景深效果，如图 18-39 所示。

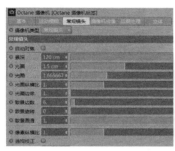

图 18-39

② 主体物体也模糊了，所以焦点不正确。调节焦点位置，选择实时渲染窗口下的 F，单击画面中的球体，确定焦点对象，如图 18-40 所示。

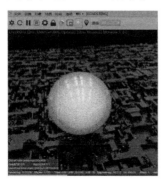

图 18-40

③ 在 "摄像机成像" 选项中，勾选 "启用摄像机成像"，将 "曝光" 设置为 1.5，勾选 "中性镜头"，将 "虚光" 设置为 1，为场景增加暗角，如图 18-41 所示。镜头的类型，读者可以自行调整。

图 18-41

④ OC 摄像机的特色就是 "后期处理" 选项，勾选 "启用"，将 "辉光强度" 设置为 83、"眩光强度" 设置为 10，就会出现最终效果，后期处理选项对发光材质的处理效果是最好的，如图 18-42 所示。渲染出图时，需要将渲染器更改为 OC 渲染器，保存到指定路径，渲染到图片查看器即可。

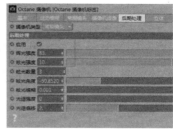

图 18-42

OC 中还有一个比较常用的内容，即 Octane 分布，它的原理和运动图形克隆的原理是一样的，也可以添加效果器，而且占用内存非常小，运行速度非常快。创建立方体，将立方体作为子级放置于 Octane 分布的下方，选择一个平面拖曳至表面选框中，立方体就会平均分布在平面上，如图 18-43 所示。可以和克隆一样添加各种效果器，以达到想要的效果，如图 18-44 所示。

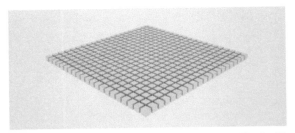

图 18-43

视频教学：资源文件 \ 教学视频 \ 18.6 OC 渲染案例 1-3.mp4

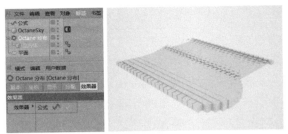

图 18-44

OC 渲染器对毛发的处理是最好的，因为它可以将 OC 的材质直接赋予毛发上，并且保留 OC 材质的属性，这在普通渲染器中是无法实现的。例如，创建球体，添加毛发，然后创建 OC 光泽材质，将颜色更改为红色，将材质球拖曳至毛发上，毛发就会变成 OC 材质的颜色，这点在毛发运用中经常用到，如图 18-45 所示。

图 18-45

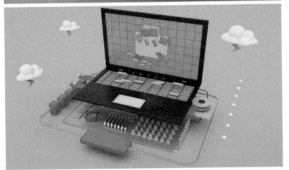

图 18-46

18.6 视频案例: OC 渲染案例

关于 OC 渲染器的重要知识已全部讲完，读者可以根据自己的需求，学习并消化重点内容。本书的学习资源视频中有 3 个 OC 渲染案例，读者可以反复学习，加深理解，如图 18-46 所示。

第 19 章
综合案例

系统学习完 Cinema 4D 的相关知识，下面就结合许多常用的知识点，如克隆、扫描、样条绘制和多边形建模等制作综合案例，流程和实际工作一样，从建模到渲染制作完整的案例。

- 综合案例：游戏机建模渲染
- 综合视频案例

19.1 综合案例: 游戏机建模渲染

游戏机建模是比较综合的一个案例，结合了许多常用的知识点，如克隆、扫描、样条绘制和多边形建模等，需要读者反复观看并练习。先看一下案例效果，如图 19-1 所示。

图 19-1

打开 Cinema 4D, 观察案例效果。可以看到，背景和地面是融为一体的。这在工作当中也经常会遇到，即无限背景，制作方法一般分为两种。

① 第 1 种方法，创建两个平面，垂直交叉放置，并调整摄像机角度，充满整个画面，如图 19-2 所示。

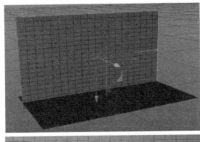

图 19-2

② 双击创建材质球，打开材质编辑面板，将材质球设置为蓝色（颜色随意），分别添加至两个平面上，如果这样直接渲染，会出现如图 19-3 所示的效果，并不是想要的效果。

图 19-3

③ 框选对象面板中的两个平面，单击鼠标右键，在弹出的菜单中选择"新增标签 > CINEMA 4D 标签 > 合成"，在属性面板中勾选"合成背景"，再次渲染就融为一体了，如图 19-4 所示。

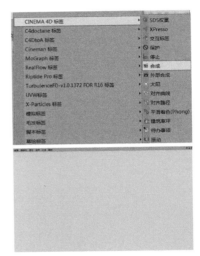

图 19-4

④ 如果添加"环境吸收"，线会再次出现。打开背景平面的"合成标签"，在属性面板中不勾选"环境吸收可见"，再渲染就没有问题了，如图 19-5 所示。

图 19-5

⑤ 第 2 种方法，创建地面和背景，这两个在 Cinema 4D 中都是无限大的，只需要在地面层添加 Cinema 4D 合成标签，勾选"合成背景"即可，其他不用设计。这种比较方便，但是因为是无限大的，所以有些时候在工作中控制起来不是很方便，读者可以根据自己的需要选择。创建立方体，放置于平面上方，转换为可编辑对象，缩放到合适的大小，切换为"边"模式，按快捷键 K~L 循环切割，如图 19-6 所示。

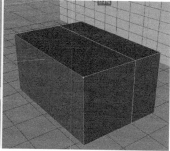

图 19-6

⑥ 切换为"点"模式，选择前端的两个点向下移动，如图 19-7 所示。

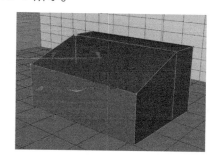

图 19-7

⑦ 按快捷键 K~L 循环切割，切割出一条边，作为游戏机的前半部分，如图 19-8 所示。

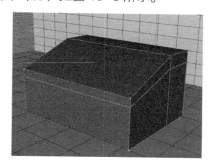

图 19-8

⑧ 单击鼠标滑轮，切换为右视图，切换为"边"模式，单击鼠标右键，在弹出的菜单中选择"线性切割"，在立方体的正面切割两条边，如图 19-9 所示。

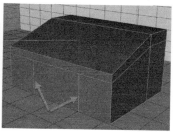

图 19-9

⑨ 切换为"多边形"模式，选择中间的面，按住 Ctrl 键，向 z 轴方向移动一定的距离，对面进行挤压，如图 19-10 所示。

图 19-10

⑩ 单击鼠标右键，在弹出的菜单中选择"内部挤压"，按住鼠标左键并向左移动，就会向内缩小一定的面，按住 Ctrl 键，向 z 轴方向移动一定的距离，将面向里挤压，如图 19-11 所示。

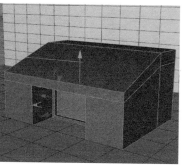

图 19-11

⑪ 切换为"多边形"模式，选择上面切割出的面，单击鼠标右键，在弹出的菜单中选择"挤压"，按住鼠标左键并向右移动，就会挤出一定的距离，如图 19-12 所示。

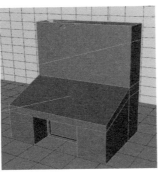

图 19-12

⓬ 选择挤压出的正面的面，单击鼠标右键，在弹出的菜单中选择"内部挤压"，同样的操作，按住鼠标左键并向左移动，向里挤压出一个小一些的面，然后按住 Ctrl 键，向里挤压一定的距离，内部挤压两次，如图 19-13 所示。

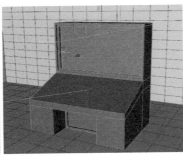

图 19-13

⓭ 制作游戏机屏幕部分。创建圆柱，将"半径"设置为 30cm、"高度"设置为 16cm；创建克隆，将圆柱作为子级放置于克隆的下方，然后将克隆的"数量"设置为 10、"位置 .Y"设置为 18cm，如图 19-14 所示。

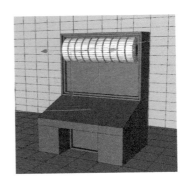

图 19-14

⓮ 创建立方体，设置"尺寸 .X"为 8.6cm、"尺寸 .Y"为 52.5cm、"尺寸 .Z"为 157cm，勾选"圆角"，将"圆角半径"设置为 1cm，放于合适的位置，作为游戏机的屏幕，如图 19-15 所示。

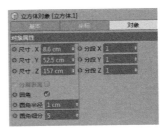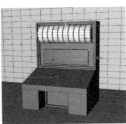

图 19-15

⓯ 将立方体转换为可编辑对象，选择前面的面，单击鼠标右键，在弹出的菜单中选择"内部挤压"，向里挤压面，如图 19-16 所示。

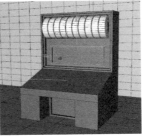

图 19-16

⓰ 创建圆柱，设置"半径"为 6.5cm、"高度"为 26.5cm；然后创建球体，设置"半径"为 5cm，放于圆柱的前方，按快捷键 Alt+G 将圆柱和球体打包组合，复制 4 份，放置于游戏机屏幕的上方，如图 19-17 所示。

272

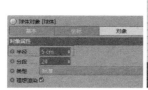

图 19-17

⑰ 选择"运动图形 > 文本",在文本内容选框中输入"童趣游戏机","字体"选择"微软雅黑"、"Bold",将"深度"设置为 3cm,缩放移动至屏幕的正上方,如图 19-18 所示。

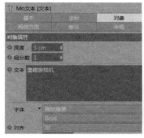

图 19-18

⑱ 制作游戏机的操作按钮部分,将立方体"尺寸.X""尺寸.Y""尺寸.Z"分别设置为58cm、5.5cm、40cm,勾选"圆角",将"半径"设置为1cm;然后创建管道,将管道的"内部半径"设置为1.8cm、"外部半径"设置为7cm、"高度"设置为3.5cm,复制5个,放置于立方体的上方并打包组合,旋转角度,直至平行于游戏的操作面,如图 19-19 所示。

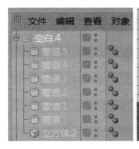

图 19-19

⑲ 创建圆柱,旋转90°,将"半径"设置为20cm、"高度"设置为10cm,放置于立方体和管道的前方,平行复制3个,如图 19-20 所示。

图 19-20

⑳ 选择中间的圆柱,转换为可编辑对象,切换为"多边形"模式;选择中间部分的面,单击鼠标右键,在弹出的菜单中选择"内部挤压",按住鼠标左键并向左拖曳,挤压出内部的面,然后单击鼠标右键,在弹出的菜单中选择"挤压",按住鼠标左键并向左拖曳,面就会向里挤压出一定的距离,如图 19-21 所示。

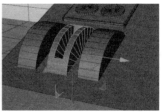

图 19-21

㉑ 创建圆柱,将"半径"设置为1cm、"高度"设置为38cm,放置于圆柱的中心位置,如图 19-22 所示。

图 19-22

㉒ 创建球体,将"半径"设置为 6.5cm,放置于圆柱的前方,如图 19-23 所示。

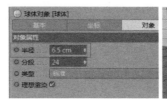

图 19-23

㉓ 创建立方体，转换为可编辑对象，缩放、旋转后，平行放置于游戏机的操作部分，并复制3个，缩放至合适的大小，放置于不同的位置，如图 19-24 所示。

图 19-24

㉔ 选择中间的立方体，切换为"多边形"模式，单击鼠标右键，在弹出的菜单中选择"内部挤压"，按住鼠标左键并向左拖曳，内部挤出面后，再次选择"挤压"，向 y 轴方向移动，将面向里挤压，如图 19-25 所示。

图 19-25

㉕ 创建平面，将"宽度"设置为 42cm、"高度"设置为 65cm，平行于立方体放置，创建晶格，将平面作为子级放置于晶格的下方，晶格的圆柱和球体"半径"都设置为 0.3cm，形成网格形状，如图 19-26 所示。

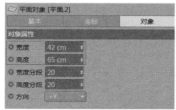

图 19-26

㉖ 选择"创建 > 样条 > 星形"，将"点"设置为 5cm、"内部半径"设置为 8.6cm、"外部半径"设置为 17cm，创建挤压，将星形作为子级放置于挤压的下方，将挤压的"移动"设置为 0cm、0cm、5cm，放置于晶格的上方，如图 19-27 所示。

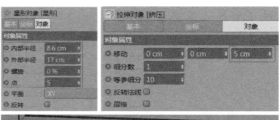

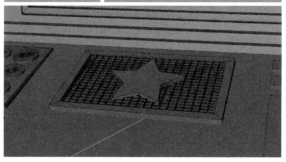

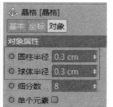

图 19-27

㉗ 创建 3 个圆柱，分别将"半径"设置为 18cm、13cm、9cm，"高度"都设置为 7cm，勾选"圆角"，重叠放置，如图 19-28 所示。

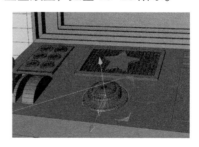

图 19-28

㉘ 选择"创建 > 样条 > 圆弧"，将"半径"设置为 17cm、"开始角度"设置为 -35°、"结束角度"设置为 90°，创建扫描和圆环，将圆弧作为子级放置于扫描的下方，此为路径；将圆环放置于圆弧的上方，此为截面。将圆环的"半径"设置为 2.2cm，创建对称，将扫描作为子级放置于对称的下方，将对称的"镜面平面"更改为 XY，如图 19-29 所示。

 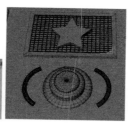

图 19-29

㉙ 创建圆环，将圆环"半径"设置为 18cm、导管"半径"设置为 1.7cm。创建克隆，将圆环作为子级放置于克隆的下方，"数量"设置为 4，"位置 .X""位置 .Y""位置 .Z"都设置为 0cm，如图 19-30 所示。在选中克隆的前提下，添加步幅效果器，增加缩放过渡效果，将步幅的"样条"曲线设置为"线性"，"缩放"设置为 −0.45，如图 19-31 所示。

图 19-30

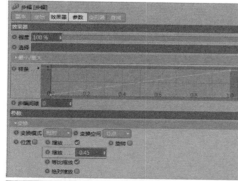

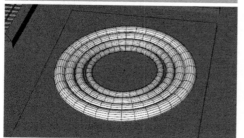

图 19-31

㉚ 创建圆柱，转换为可编辑对象，放置于圆环的中心，选择"多边形"模式，选中最上面的面，内部挤压两次，创建球体，将"半径"设置为 3.3cm，放置于圆柱的上方，如图 19-32 所示。

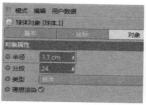 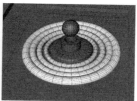

图 19-32

㉛ 创建立方体，将"尺寸 .X""尺寸 .Y""尺寸 .Z"分别设置为 6cm、1.8cm、15cm，复制此立方体，转换为可编辑对象，缩小一倍，切换为"边"模式，按快捷键 K~L 循环切割，在中间切一条边，切换为"点"模式，分别将两边的点向上拉动一段距离，如图 19-33 所示。

图 19-33

㉜ 制作游戏机机身的装饰，创建胶囊，将胶囊"半径"设置为 2.2cm、"高度"设置为 46cm，创建克隆，将胶囊作为子级放置于克隆的下方，将克隆的"数量"设置为 7、"位置 .Z"设置为 7cm，其他保持不变，然后复制 3 份，放置于机身处，如图 19-34 所示。

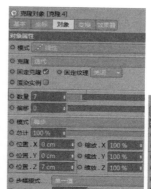

图 19-34

㉝ 制作游戏机的侧面，选择"创建 > 样条 > 矩形"，转换为可编辑对象，缩放到合适的大小，放置于游戏机的侧面；选中游戏机模型，切换为"边"模式，单击鼠标右键，在弹出的菜单中选择"线性切割"，不勾选"仅可见"，按住 Ctrl 键并单击矩形，在游戏机的侧面模型上切割出一个矩形的形状，选中这个面，向内挤压，如图 19-35 所示。

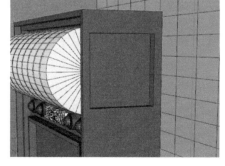

图 19-35

㉞ 选择"创建 > 样条 > 齿轮"，转换为可编辑对象，缩放至矩形选框内，创建挤压，将齿轮作为子级放置于挤压的下方，将挤压的"移动"设置为 0cm、0cm、-7cm，如图 19-36 所示。

图 19-36

㉟ 创建圆柱，转换为可编辑对象，缩放并放置于齿轮的中心位置。切换为"多边形"模式，选择"内部挤压"并"挤压"，重复 2 次，如图 19-37 所示。

图 19-37

㊱ 切换为顶视图，用"画笔"工具绘制一条线，按 Esc 键退出绘制；创建扫描和圆环，圆环作为截面，绘制的样条作为路径，放置于扫描的下方；创建球体，将"半径"设置为 13.5cm，放置于扫描的前端，如图 19-38 所示。

图 19-38

㊲ 创建立方体，设置"尺寸.X""尺寸.Y""尺寸.Z"为 48cm、141cm、8.7cm，勾选"圆角"，将"半径"设置为 1.3cm，放置于游戏机的侧面。创建胶囊，将"半径"设置为 2.8cm、"高度"设置为 124cm。创建克隆，将胶囊作为子级放置于克隆的下方，克隆的"数量"设置为 4，设置"位置.X"

为 9cm，复制一个立方体，缩放至侧面立方体的下方，转换为可编辑对象，选择"多边形"模式，内部挤压，如图 19-39 所示。

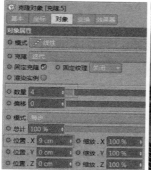

图 19-39

❸❽ 创建立方体，勾选"圆角"，将圆角"半径"设置为 2.6cm，转换可编辑对象，缩放至游戏机的侧面，选择面向内进行挤压，如图 19-40 所示。

图 19-40

❸❾ 创建圆柱，转换为可编辑对象，缩放至合适的大小，切换为"边"模式，在圆柱的中间区域切割一条边；切换至"多边形"模式，选择顶面和底面，按住 T 键并单击鼠标左键进行缩放；创建克隆，将修改好的圆柱作为子级放置于克隆的下方，将"数量"设置为 6、"位置 .Z"设置为 -6.8cm，如图 19-41 所示。

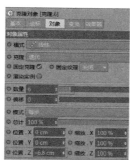

图 19-41

❹⓪ 创建圆柱，放置于克隆对象的前方，将"半径"设置为 1.45cm、"高度"设置为 10.8cm，创建圆柱，转换为可编辑对象，切换为"多边形"模式，按快捷键 U~L 循环选择中间的面，单击鼠标右键，在弹出的菜单中选择"挤压"并按住鼠标左键向内挤压，如图 19-42 所示。

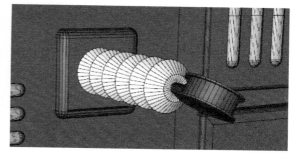

图 19-42

❹① 创建圆柱及球体，缩放并放置于合适的位置，将球体的"半径"设置为 43cm，创建圆柱，进行内部挤压并挤压，然后缩放顶面，如图 19-43 所示。

图 19-43

❹② 创建两个圆柱体，转换为可编辑对象，切换为"多边形"模式，对顶面进行内部挤压并挤压，重复几次，作为游戏机的顶部装饰，如图 19-44 所示。

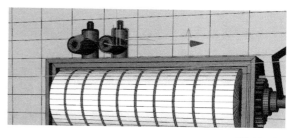

图 19-44

❹③ 单击鼠标滑轮，切换为顶视图，选择"草绘"工具🔘，绘制一条样条，创建扫描和圆环，将圆柱"半径"设置为 1.6cm 作为截面、样条作为路径，放置于合适的位置，如图 19-45 所示。

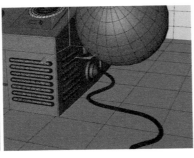

图 19-45

44 游戏机右侧主体部分制作完毕，接下来制作左侧的主体部分。创建两个立方体，勾选"圆角"，将"半径"设置为3cm，其中一个立方体的"尺寸.X""尺寸.Y""尺寸.Z"分别设置为99cm、124cm、118cm，另一个立方体的"尺寸.X""尺寸.Y""尺寸.Z"分别设置为86cm、348cm、121cm，紧贴游戏机主体放置，如图 19-46 所示。

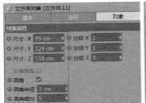
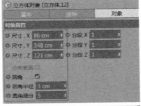

图 19-46

45 选择"运动图形 > 文本"，输入文本内容为"记忆相片制作"和 JIYIXIANGPIANZHIZUO，缩放至游戏机左侧小立方体大小，选择"创建 > 样条 > 矩形"，转换可编辑对象，缩放并移动至文本的下方，切换为"点"模式，按快捷键Ctrl+A 选中所有点，单击鼠标右键，在弹出的菜单中选择"倒角"，按住鼠标左键并向右拖曳，创建挤压，将矩形作为子级放置于挤压的下方，创建圆柱和球体，放置于矩形的右侧作为装饰，如图 19-47 所示。

图 19-47

46 单击鼠标滑轮，选择"挤压"，挤压下方的矩形子级也被选中，单击鼠标右键，在弹出的菜单中选择"连接对象 + 删除"，就会成为一个整体，切换为"多边形"模式，选择前面的内部挤压，然后对内部挤压出的面向内挤压，如图 19-48 所示。

图 19-48

47 创建立方体，转换为可编辑对象，缩放并移动至游戏机小立方体的下方，切换为"多边形"模式，选择 x 轴正方向上的面，单击鼠标右键，在弹出的菜单中选择"内部挤压"，并向内挤压，如图 19-49 所示。

图 19-49

48 创建立方体和圆柱，缩放并放置于小立方体的上方，选择"窗口 > 内容浏览器 > 预置 >Prime>Cogwheel Objects"，选择自己喜欢的齿轮样式并放置于合适的位置，这个齿轮的样条也可以在样条线的种类中进行选择，如图 19-50 所示。

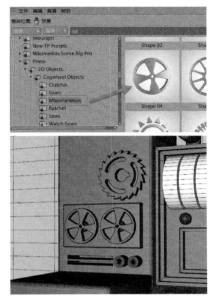

图 19-50

49 制作游戏机的大抽奖转轮。创建圆柱，将圆柱的"旋转分段"设置为 8，选择平滑着色的"删除标签"，转换为可编辑对象；切换为"多边形"模式，选择其中的一个三角形面，单击鼠标右键，在弹出的菜单中选择"分裂"，分裂出一个三角形；切换为"边"模式，单击鼠标右键，在弹出的菜单中选择"桥接"，成为一个单独的三角形，如图 19-51 所示。对这个三角形进行放射克隆，设置"模式"为"放射"、"数量"为 8、"半径"为 69cm，形成大抽奖转轮，目的是让每个三角形都是一个独立的个体（被克隆的对象在转换为可编辑对象后会变成单独的个体），这样在后期上材质时会非常方便，如图 19-52 所示。

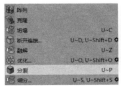

图 19-51

图 19-52

50 选择"创建 > 样条 > 多边"，将"侧边"设置为 8、"半径"设置为 83cm，创建圆柱和克隆，将圆柱作为子级放置于克隆的下方，将圆柱的"半径"设置为 2.8cm、"高度"设置为 36cm，将克隆的"模式"更改为"对象"，将样条多边拖曳至"多边对象"选框中，被克隆的圆柱就会以多边的路径进行复制，如图 19-53 所示。

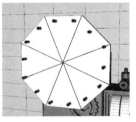

图 19-53

51 处理下载的 AI 素材图标，保存成 AI8 的版本，导入 Cinema 4D 当中，将每个图形合并成单独的个体，并且进行挤压，放在大转盘的三角形上，如图 19-54 所示。

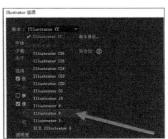

图 19-54

图 19-56

㊷ 完善游戏机的细节部分，添加装饰。游戏机左侧弯曲的照片制作方法是创建圆弧和矩形，将圆弧的位置移到吐出照片的位置，然后创建扫描，将矩形作为截面、圆弧作为路径，分别作为子级放置于扫描的下方，将矩形的"宽度"更改为1.6cm、"高度"更改为48cm，如图19-55所示。游戏机建模的其他细节部分比较容易理解，读者自行补完。

图 19-55

㊸ 为场景布光并进行渲染设置，按快捷键Ctrl+D调出工程设置，将"默认对象颜色"更改为"80%灰色"，如图19-56所示。

㊴ 遵循三点布光的原理，创建区域光，将"颜色"设置为K（色温）的模式，K设置为5603（淡黄色），"投影"设置为"区域阴影"，放置于游戏机的右上方作为主光源。复制区域光放置于主光源的对立面——游戏的左侧，将"强度"设置为75%。复制区域光放置于游戏机的背面，作为背光，即轮廓光，能够体现游戏机的细节。打开渲染设置，添加"环境吸收"和"全局光照"，"环境吸收"是增加物体与物体之间的阴影，使场景更加真实，而"全局光照"可以增加灯光的反弹，使场景避免出现死黑的现象，打开"二次反弹"，设置"二次反弹算法"为"辐照缓存"、"漫射深度"为2、Gamma为1.5，渲染，如图19-57和图19-58所示。

图 19-57

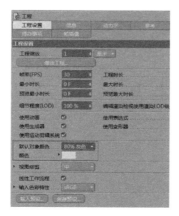

图 19-58

55 添加材质。先添加游戏机身材质，就是材质篇所讲的烤漆材质。双击材质面板，创建材质球，打开材质编辑面板，将材质的颜色切换为HSV模式，将 H 色相更改为 30°，将反射的"类型"更改为 Beckmann，将"粗糙度"设置为10%，将"菲涅耳"类型更改为"绝缘体"、"折射率"设置为 1.3，如图 19-59 所示。如果感觉反射不够可以再添加一层反射，具体操作方法可以参看材质章节的图层材质的调节方法，将调好的材质添加至相应模式。

图 19-59

56 选择材质球，按住 Ctrl 键并拖曳鼠标，就会复制出同样的材质球。双击打开此材质球，将颜色更改为大红色、H 色相更改为 0°、S 饱和度和 V 对比度都设置为 100%，如图 19-60 所示。用同样的方法多复制几个材质球，改变不同的颜色，添加至相应的模型上，如图 19-61 所示。

图 19-60

图 19-61

57 调节齿轮后卡通木纹的材质。将"素材 >18贴图"文件拖曳至材质颜色纹理选框中，并选择"复制着色器"，如图 19-62 所示。在材质的"反射"选项中，将"类型"更改为Beckmann；在"层颜色"中粘贴着色器，将木纹纹理添加至反射层中；在层菲涅耳中，设置"菲涅耳"为"绝缘体"，这样可以调整高光的大小，同时也可以调节反射的强度，将"折射率"更改为 1.8，打开凹凸通道，将木纹粘贴至凹凸通道的纹理选项中，这在材质章节中讲过，如图 19-63 所示。凹凸通道对黑白图像的处理最为明显，所以为凹凸通道的"纹理"选项中加入"过滤"，将过滤中的"饱和度"设置为 -100%，凹凸通道中的木纹就成了黑白图像，如图 19-64 所示。

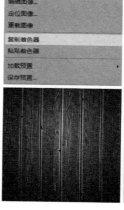
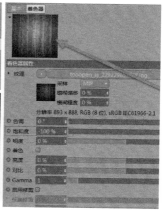

图 19-62　　　　　　　图 19-63

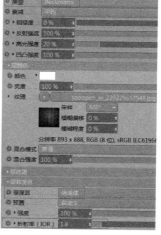

图 19-64

58 选择游戏机的屏幕，切换为"多边形"模式，选择最前端的面，将选择好的图像拖曳至材质面板中，会自动生成一个材质球；复制图像，然后在发光通道中粘贴此图像，因为屏幕是可以发光的，如图 19-65 所示。

图 19-65

59 为屏幕上方的转轮添加图像，调整好游戏机的角度后，创建摄像机，进入摄像机视图，将转轮的材质球的纹理标签"投射"更改为"前沿"，平移和缩放，调整到合适的角度，如图 19-66 所示。

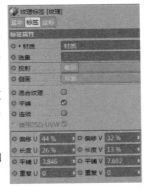

图 19-66

60 添加地球仪的材质，将选择好的图像拖曳至材质面板中，会自动生成材质球，将此材质球添加至地球仪上，在纹理标签中，设置"投射"为"球状"，如图 19-67 所示。

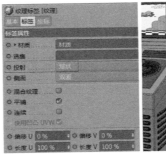

图 19-67

61 添加另一个球体的材质。将球体转换为可编辑对象，切换为"多边形"模式，按快捷键 U~L 循环选择一圈面，切换为"实时选择"工具，按住 Ctrl 键减选最上面的面，添加颜色，以此类推，按 U~L 循环选择上面的一圈面，添加红色材质，如图 19-68 所示。

图 19-68

62 材质全部添加完毕。因为有反射材质，如果感觉细节不够，可以再添加 HDR 环境贴图，增加场景的细节，然后输出渲染，将"渲染器"更改为"物理渲染器"，将"采样器"更改为"自适应"，将"采样品质"更改为"中"，渲染到图片查看器即可，如图 19-69 所示。

图 19-69

19.2 综合视频案例

本书提供了 11 个综合视频案例，各案例完成效果分别展示如下。

R 字体的制作效果如图 19-70 所示。

视频教学：资源文件 \ 教学视频 \19.2 综合视频案例：R 字体制作（上）、（下）.mp4

图 19-70

超级城堡的制作效果如图 19-71 所示。

视频教学：资源文件 \ 教学视频 \19.2 综合视频案例：超级城堡（白模）、（材质）.mp4

图 19-71

创意卡通形象的制作效果如图 19-72 所示。

视频教学：资源文件 \ 教学视频 \19.2 综合视频案例：创意卡通形象 .mp4

图 19-72

蛋糕的制作效果如图 19-73 所示。

视频教学：资源文件 \ 教学视频 \19.2 综合视频案例：蛋糕（上）、（下）.mp4

图 19-73

蛋糕塔的制作效果如图 19-74 所示。

视频教学：资源文件 \ 教学视频 \19.2 综合视频案例：蛋糕塔 .mp4

图 19-74

房子建模的制作效果如图 19–75 所示。

视频教学：资源文件 \ 教学视频 \ 19.2 综合视频案例：房子建模 .mp4

图 19–75

机枪的制作效果如图 19–76 所示。

视频教学：资源文件 \ 教学视频 \ 19.2 综合视频案例：机枪（材质）、（建模）.mp4

图 19–76

机械字体的制作效果如图 19–77 所示。

视频教学：资源文件 \ 教学视频 \ 19.2 综合视频案例：机械字体 .mp4

图 19–77

卡通小车建模的制作效果如图 19–78 所示。

视频教学：资源文件 \ 教学视频 \ 19.2 综合视频案例：卡通小车建模 .mp4

图 19–78

卡通小象的制作效果如图 19–79 所示。

视频教学：资源文件 \ 教学视频 \ 19.2 综合视频案例：卡通小象 .mp4

图 19–79

普通卡通形象的制作效果如图 19–80 所示。

视频教学：资源文件 \ 教学视频 \ 19.2 综合视频案例：普通卡通形象 .mp4

图 19–80